안 쌤 의 사 고 력 초등

넘버노느
퍼즐

Contents

안쌤의 사고력 수학 퍼즐 **넘버보드 퍼즐**

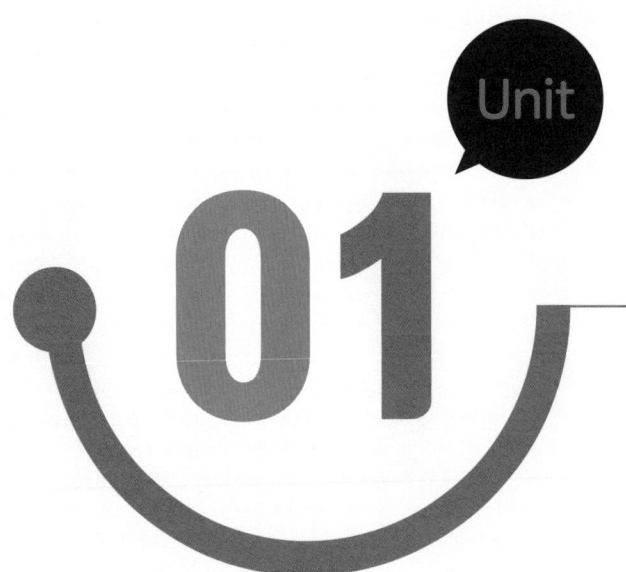

Unit

01

조건에 맞는 수

| 수와 연산 |

조건에 맞는 수를 찾아 비밀번호를 알아맞혀 봐요!

01 조건에 맞는 수 | 수와 연산 |

1부터 100까지의 수 중에서 조건을 모두 만족하는 수를 찾아보세요.

1	2	3	4	5	6	7	8	9	10
11	12	13	14	15	16	17	18	19	20
21	22	23	24	25	26	27	28	29	30
31	32	33	34	35	36	37	38	39	40
41	42	43	44	45	46	47	48	49	50
51	52	53	54	55	56	57	58	59	60
61	62	63	64	65	66	67	68	69	70
71	72	73	74	75	76	77	78	79	80
81	82	83	84	85	86	87	88	89	90
91	92	93	94	95	96	97	98	99	100

안쌤 Tip

주어진 조건을 순서대로 따지면서 조건에 맞는 수의 개수를 줄여 나가세요.

조건
① 숫자 1이 들어 있는 수
② 십의 자리 숫자와 일의 자리 숫자가 같은 수
③ 각 자리 숫자를 모두 더했을 때 가장 작은 수

Unit
01

◉ ①을 만족하는 수:

,	,	,	,	,
,	,	,	,	,
,	,	,	,	,

◉ ①을 만족하는 수 중 ②를 만족하는 수: ☐ , ☐

◉ ①과 ②를 만족하는 수 중 ③을 만족하는 수: ☐

비밀번호 찾기 ① | 수와 연산 |

조건에 맞는 수를 찾아 네 자리 비밀번호 뒤의 두 자리 수를 알아맞혀
보세요.

1	2	3	4	5	6	7	8	9	10
11	12	13	14	15	16	17	18	19	20
21	22	23	24	25	26	27	28	29	30
31	32	33	34	35	36	37	38	39	40
41	42	43	44	45	46	47	48	49	50
51	52	53	54	55	56	57	58	59	60
61	62	63	64	65	66	67	68	69	70
71	72	73	74	75	76	77	78	79	80
81	82	83	84	85	86	87	88	89	90
91	92	93	94	95	96	97	98	99	100

조건	① 비밀번호는 일의 자리 숫자가 십의 자리 숫자보다 크다.
	② 일의 자리 숫자와 십의 자리 숫자의 합이 10이다.
	③ 비밀번호를 이루는 숫자 중 같은 숫자가 2개 있다.

◉ 조건을 만족하는 수를 넘버보드에 표시해 보세요.

◉ 조건을 모두 만족하는 수를 찾아 네 자리 비밀번호를 완성해 보세요.

안심Touch

03 비밀번호 찾기 ② | 수와 연산 |

조건에 맞는 수를 찾아 네 자리 비밀번호 뒤의 세 자리 수를 알아맞혀 보세요.

1	2	3	4	5	6	7	8	9	10
11	12	13	14	15	16	17	18	19	20
21	22	23	24	25	26	27	28	29	30
31	32	33	34	35	36	37	38	39	40
41	42	43	44	45	46	47	48	49	50
51	52	53	54	55	56	57	58	59	60
61	62	63	64	65	66	67	68	69	70
71	72	73	74	75	76	77	78	79	80
81	82	83	84	85	86	87	88	89	90
91	92	93	94	95	96	97	98	99	100

조건	① 비밀번호는 짝수이다.
	② 일의 자리 숫자가 십의 자리 숫자의 2배이다.
	③ 일의 자리 숫자와 십의 자리 숫자의 합은 홀수이고, 이 홀수는 비밀번호의 백의 자리 숫자이다.
	④ 비밀번호는 모두 다른 숫자로 이루어져 있다.

⊙ 조건을 만족하는 수를 넘버보드에 표시해 보세요.

⊙ 조건을 모두 만족하는 수를 찾아 네 자리 비밀번호를 완성해 보세요.

네 자리 비밀번호를 입력하세요.

1

——— ——— ——— ———

비밀번호 찾기 ③ | 수와 연산 |

조건에 맞는 수를 찾아 여섯 자리 비밀번호를 알아맞혀 보세요.

0	1	2	3	4	5	6	7	8	9
10	11	12	13	14	15	16	17	18	19
20	21	22	23	24	25	26	27	28	29
30	31	32	33	34	35	36	37	38	39
40	41	42	43	44	45	46	47	48	49
50	51	52	53	54	55	56	57	58	59
60	61	62	63	64	65	66	67	68	69
70	71	72	73	74	75	76	77	78	79
80	81	82	83	84	85	86	87	88	89
90	91	92	93	94	95	96	97	98	99

① 연속된 수 3개를 작은 수부터 차례로 이어서 여섯 자리 비밀번호를 만든다.

② 연속된 수 중 가장 작은 수는 일의 자리 숫자와 십의 자리 숫자가 같다.

③ 연속된 수의 가운데 수는 홀수이다.

④ 연속된 수의 각 일의 자리 숫자 3개를 더한 값의 3배는 연속된 수 중 가운데 수와 같다.

Unit 01

◉ 조건을 만족하는 수를 넘버보드에 표시해 보세요.

◉ 조건을 모두 만족하는 수를 찾아 여섯 자리 비밀번호를 완성해 보세요.

여섯 자리 비밀번호를 입력하세요.

___ ___ ___ ___ ___ ___

안심Touch

거울에 비친 숫자

| 도형 |

거울에 비친 숫자의 모양을 알아봐요!

거울에 비친 모양 | 도형 |

거울을 왼쪽에 놓고 비추었을 때 숫자가 거울에 비친 모양을 나타내고,
거울에 비친 모양이 변하지 않는 숫자를 찾아보세요.

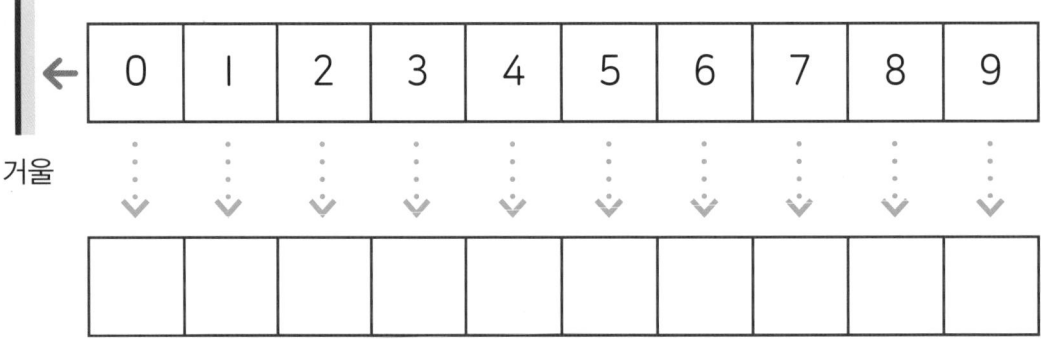

거울

- ⊙ 모양이 변하지 않는 숫자:

- ⊙ 모양이 변하지 않는 숫자의 특징:

안쌤 Tip

거울의 방향에 따라 거울에 비친 숫자의
모양이 달라져요.

거울을 위쪽에 놓고 비추었을 때 숫자가 거울에 비친 모양을 나타내고,
거울에 비친 모양이 변하지 않는 숫자를 찾아보세요.

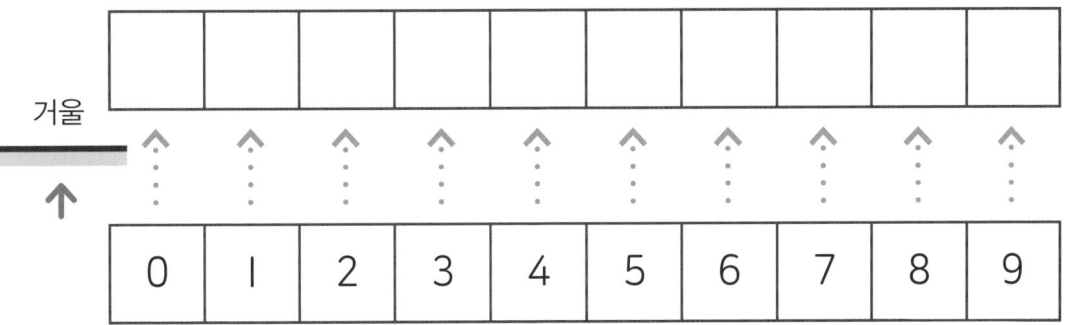

거울

Unit
02

⊙ 모양이 변하지 않는 숫자:

⊙ 모양이 변하지 않는 숫자의 특징:

정답 ≫ 90쪽

모양이 변하지 않는 수 | 도형 |

거울을 왼쪽에 놓고 비추었을 때 거울에 비친 모양이 변하지 않는 수에 ○표 해 보세요.

거울

0	1	2	3	4	5	6	7	8	9
10	11	12	13	14	15	16	17	18	19
20	21	22	23	24	25	26	27	28	29
30	31	32	33	34	35	36	37	38	39
40	41	42	43	44	45	46	47	48	49
50	51	52	53	54	55	56	57	58	59
60	61	62	63	64	65	66	67	68	69
70	71	72	73	74	75	76	77	78	79
80	81	82	83	84	85	86	87	88	89
90	91	92	93	94	95	96	97	98	99

거울을 위쪽에 놓고 비추었을 때 거울에 비친 모양이 변하지 않는 수에
○표 해 보세요.

거울

↑

1	2	3	4	5	6	7	8	9	10
11	12	13	14	15	16	17	18	19	20
21	22	23	24	25	26	27	28	29	30
31	32	33	34	35	36	37	38	39	40
41	42	43	44	45	46	47	48	49	50
51	52	53	54	55	56	57	58	59	60
61	62	63	64	65	66	67	68	69	70
71	72	73	74	75	76	77	78	79	80
81	82	83	84	85	86	87	88	89	90
91	92	93	94	95	96	97	98	99	100

Unit 2

03 이상한 모양의 수 | 도형 |

거울을 왼쪽에 놓고 비추었을 때 거울에 비추어진 수가 이상한 모양인 것을 찾아 ○표 하고, 거울에 비추었을 때 옳은 모양이 되도록 고쳐 보세요.

거울

10	9	8	7	6	5	4	3	2	1
20	19	18	17	16	15	14	13	12	11
30	29	28	27	26	25	24	23	22	21
40	39	38	37	36	35	34	33	32	31
50	49	48	47	46	45	44	43	42	41
60	59	58	57	56	55	54	53	52	51
70	69	68	67	66	65	64	63	62	61
80	79	78	77	76	75	74	73	72	71
90	89	88	87	86	85	84	83	82	81
100	99	98	97	96	95	94	93	92	91

거울을 위쪽에 놓고 비추었을 때 거울에 비추어진 수가 이상한 모양인 것을 찾아 ○표 하고, 거울에 비추었을 때 옳은 모양이 되도록 고쳐 보세요.

거울 ↑

90	91	92	93	94	95	96	97	98	99
80	81	82	83	84	85	86	87	88	89
70	71	72	73	74	75	76	77	78	79
60	61	62	63	64	65	69	67	68	69
50	51	52	53	54	55	56	57	58	59
40	41	42	43	44	45	46	47	48	49
30	31	32	33	34	35	36	37	38	39
20	21	22	23	24	25	26	27	28	29
10	11	12	13	14	15	16	17	18	19
0	1	2	3	4	5	6	7	8	9

정답 ▶ 91쪽

안심Touch

Unit
02

Unit 2

04 거울을 놓는 방향 | 도형 |

거울을 어느 방향에서 비추면 수가 똑바로 보이는지 거울의 번호에 모두 ○표 하고, 가장 큰 수와 가장 작은 수의 합과 차로 주어진 식을 완성해 보세요.

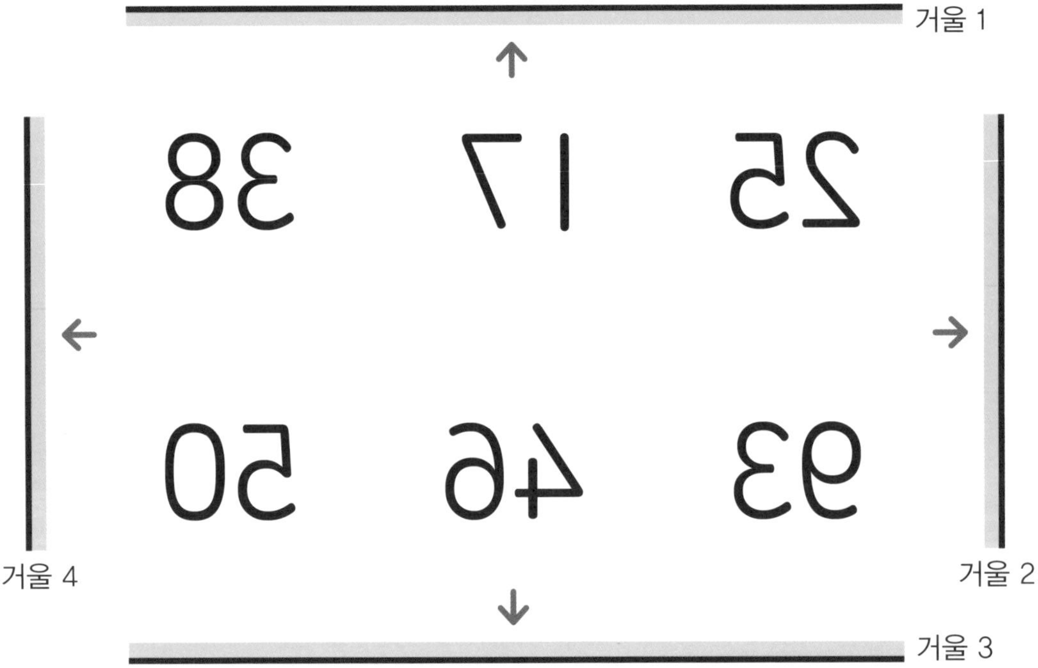

거울 1 ↑

25 17 38

← 거울 4   거울 2 →

93 46 50

거울 3 ↓

◉ 덧셈식: ☐ + ☐ = ☐

◉ 뺄셈식: ☐ − ☐ = ☐

거울을 어느 방향에서 비추면 수가 똑바로 보이는지 거울의 번호에 모두 ○표 하고, 두 번째로 큰 수와 두 번째로 작은 수의 합과 차로 주어진 식을 완성해 보세요.

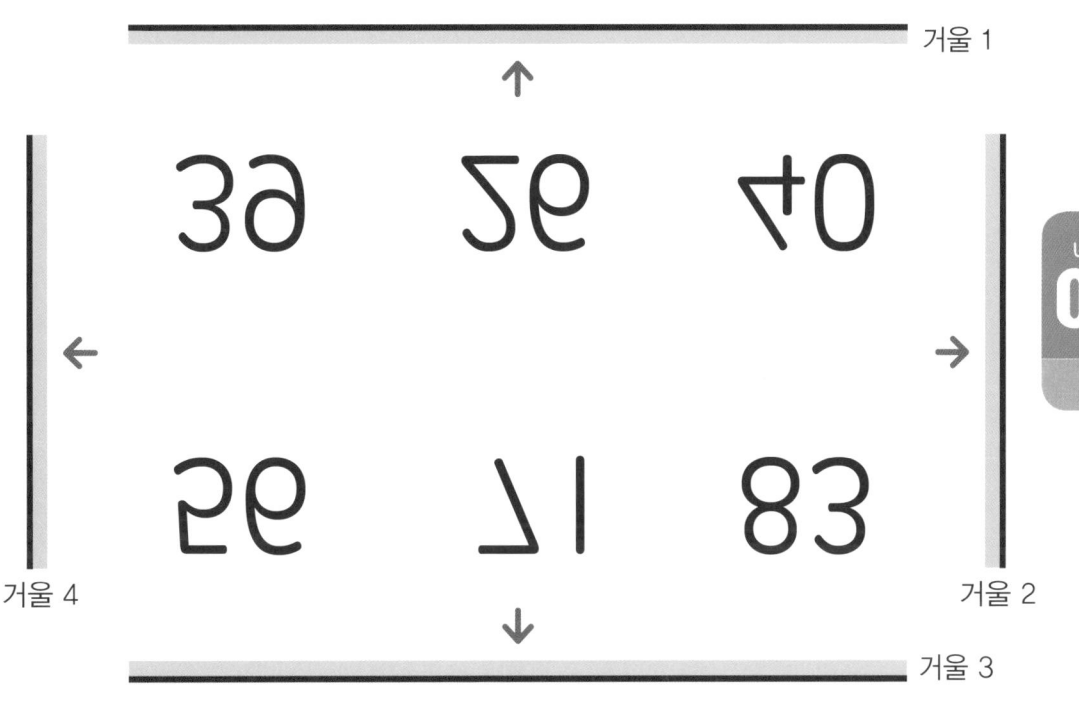

◉ 덧셈식: [　　] + [　　] = [　　]

◉ 뺄셈식: [　　] − [　　] = [　　]

정답 ▶ 91쪽

여러 가지 길 찾기

| 규칙성 |

규칙에 따라 길을 찾아봐요!

덧셈 길 찾기 ㅣ규칙성ㅣ

규칙에 따라 주어진 식을 화살표로 나타내고, 더한 값을 구해 보세요.

규칙
① 어떤 수에 10을 더하면 아래로 한 칸 내려온다.
② 어떤 수에 11을 더하면 아래로 한 칸 내려온 후 오른쪽으로 한 칸 움직인다.
③ 어떤 수에 9를 더하면 아래로 한 칸 내려온 후 왼쪽으로 한 칸 움직인다.

◉ 12 + 10 + 11 = ☐   ◉ 27 + 9 + 8 = ☐

11	12	13	14	15	16	17	18	19	20
21	22	23	24	25	26	27	28	29	30
31	32	33	34	35	36	37	38	39	40
41	42	43	44	45	46	47	48	49	50

⊙ $18 + 9 + 8 + 13 = $ ☐　　　　⊙ $21 + 11 + 10 + 8 = $ ☐

⊙ $44 + 13 + 9 + 12 = $ ☐　　　　⊙ $63 + 12 + 11 + 8 = $ ☐

0	1	2	3	4	5	6	7	8	9
10	11	12	13	14	15	16	17	18	19
20	21	22	23	24	25	26	27	28	29
30	31	32	33	34	35	36	37	38	39
40	41	42	43	44	45	46	47	48	49
50	51	52	53	54	55	56	57	58	59
60	61	62	63	64	65	66	67	68	69
70	71	72	73	74	75	76	77	78	79
80	81	82	83	84	85	86	87	88	89
90	91	92	93	94	95	96	97	98	99

정답 ▶ 92쪽

안심Touch

화살표 길 찾기 | 규칙성 |

동물이 이동한 길을 화살표로 나타내고, 도착점의 알맞은 수를 빈칸에 써넣어 보세요. (단, 화살표의 방향을 따라 한 칸씩만 이동합니다.)

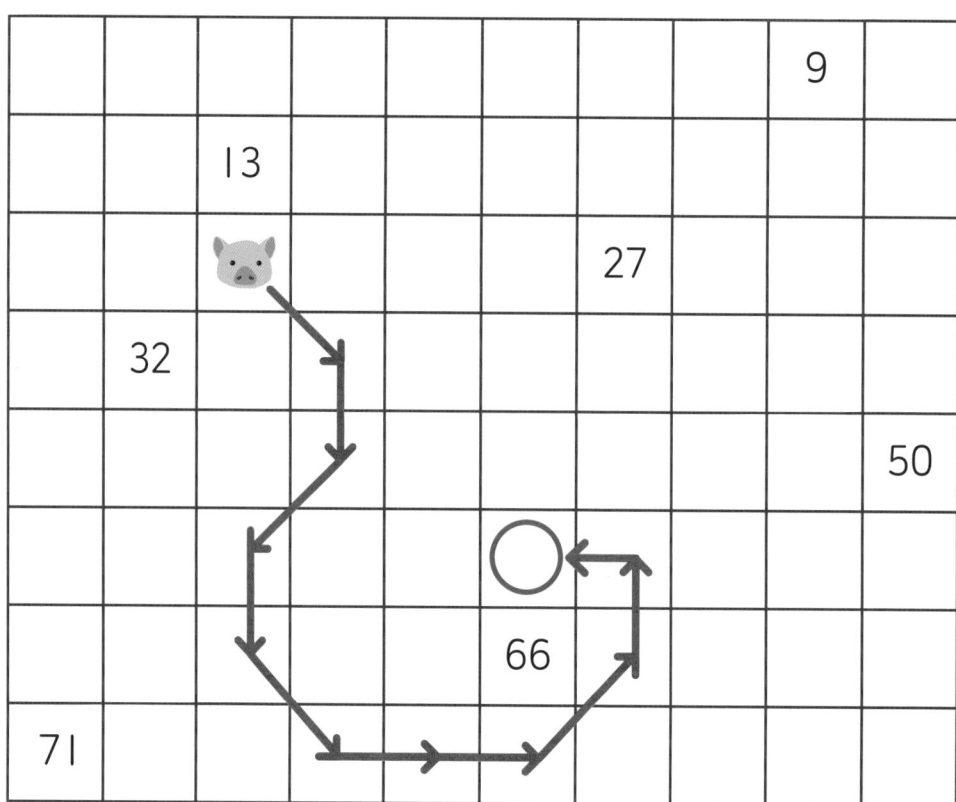

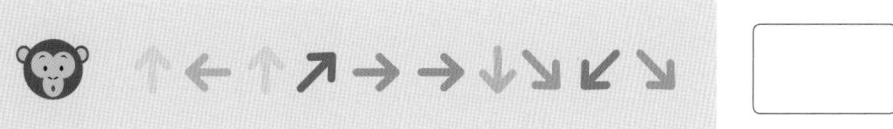

							17		
									29
30	🐕								
					55				
								68	
						🐒			
		83							
	91								

03 거꾸로 길 찾기 | 규칙성 |

거꾸로 길을 찾아 출발점까지 화살표로 나타내고, 출발점의 알맞은 수를 빈칸에 써넣어 보세요. (단, 화살표의 방향을 따라 한 칸씩만 이동합니다.)

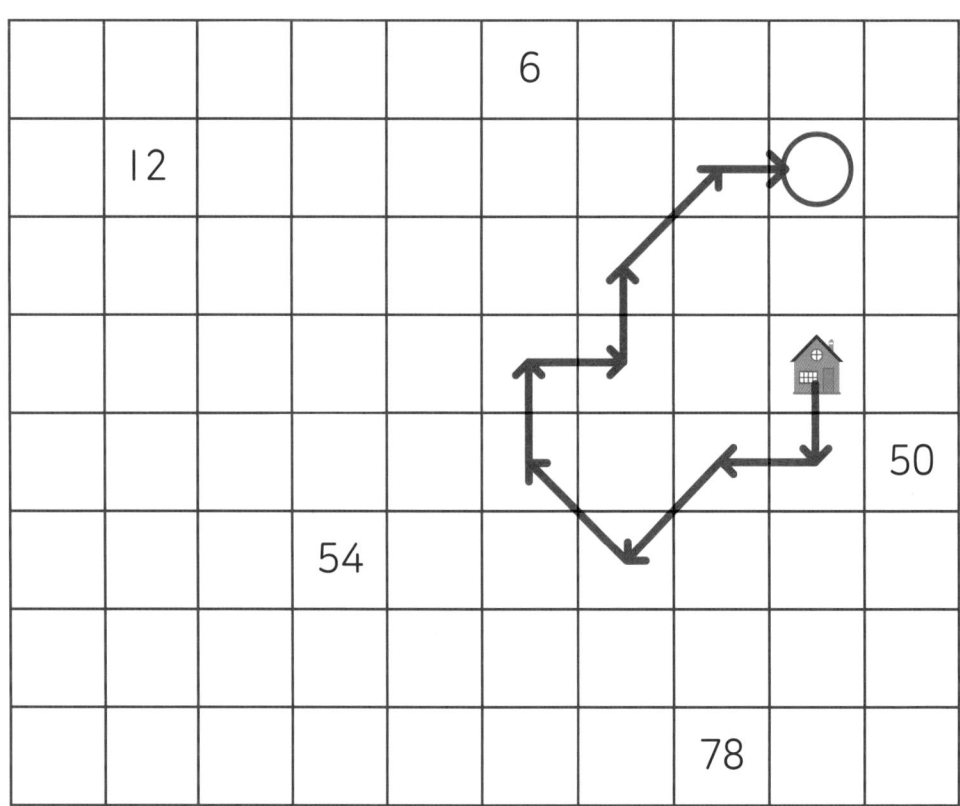

화살표 모양을 ↑은 ↓, ↓은 ↑, →은 ←, ←은 →, ↘은 ↖, ↖은 ↘, ↙은 ↗, ↗은 ↙으로 바꾼 후 도착지에서 출발하여 거꾸로 길을 찾으세요.

	12								
							28		
									40
		53							
					66				
71									
				85				🏫	
								99	

암호 길 찾기 | 규칙성 |

암호를 풀어 화살표로 나타내고, 도착점의 알맞은 수를 빈칸에 써넣어 보세요.

암호	뜻
■ 2 △ 2	왼쪽으로 2칸, 위쪽으로 2칸 움직이기
⇔ 3	진행 방향에서 반대로 3칸 움직이기
◇ 2^2	오른쪽으로 2칸씩 2번 움직이기

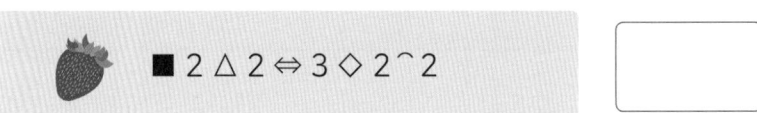

■ 2 △ 2 ⇔ 3 ◇ 2^2

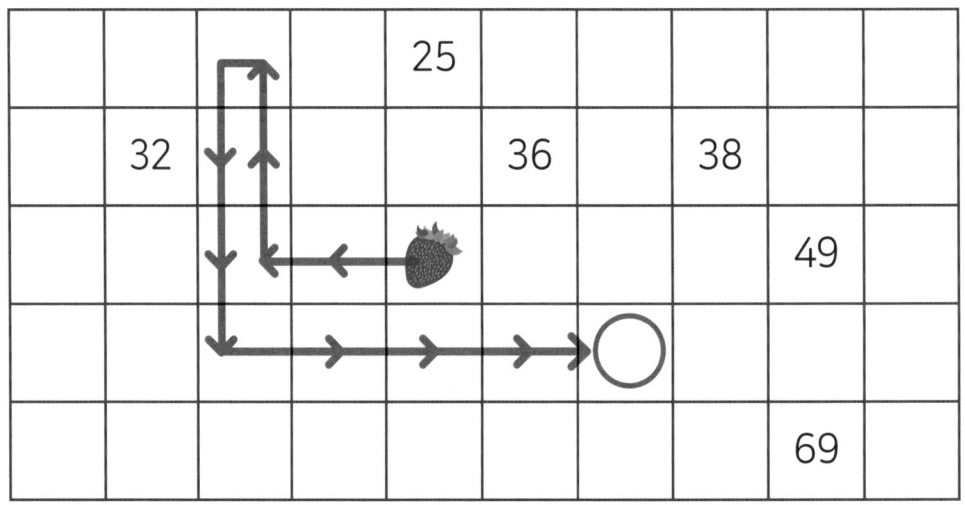

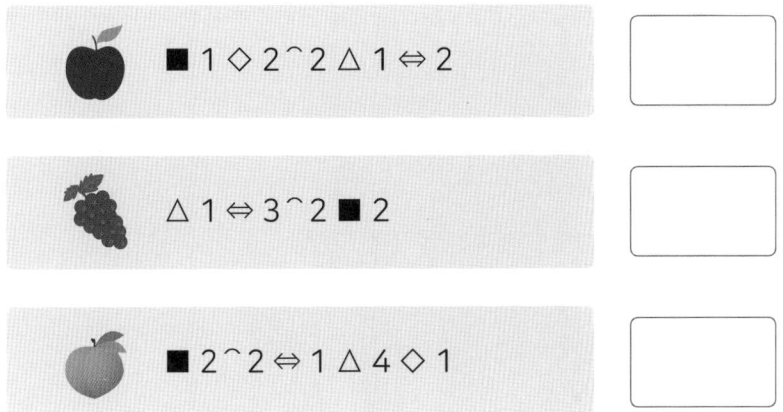

🍎	■1◇2^2△1⇔2	
🍇	△1⇔3^2■2	
🍑	■2^2⇔1△4◇1	

						17			
							38		
		43						🍇	
			54						
				🍎					
					76				
	82			🍑					
91									

정답 ≫ 93쪽

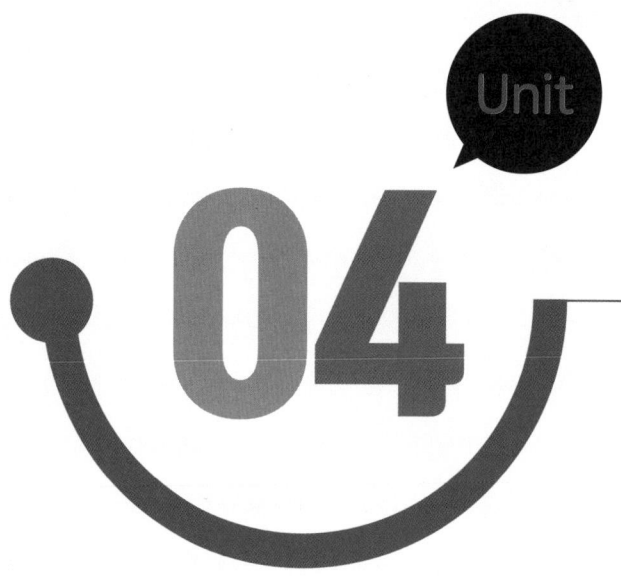

수의 개수

| 수와 연산 |

안쌤의 사고력 수학 퍼즐
넘버보드 퍼즐

조건에 맞는 숫자와 수의 개수를 알아봐요!

01 숫자가 나오는 횟수 | 수와 연산 |

아래의 넘버보드에서 숫자 1은 몇 번 나오는지 구해 보세요.

0	1	2	3	4	5	6	7	8	9
10	11	12	13	14	15	16	17	18	19
20	21	22	23	24	25	26	27	28	29
30	31	32	33	34	35	36	37	38	39
40	41	42	43	44	45	46	47	48	49
50	51	52	53	54	55	56	57	58	59
60	61	62	63	64	65	66	67	68	69
70	71	72	73	74	75	76	77	78	79
80	81	82	83	84	85	86	87	88	89
90	91	92	93	94	95	96	97	98	99

◉ 1이 나오는 횟수: [   ] 번

0부터 99까지의 수 앞에 숫자 0과 1을 넣어 100부터 199까지의 수를 만들었습니다. 이 중 숫자 1은 몇 번 나오는지 구해 보세요.

100	101	102	103	104	105	106	107	108	109
110	111	112	113	114	115	116	117	118	119
120	121	122	123	124	125	126	127	128	129
130	131	132	133	134	135	136	137	138	139
140	141	142	143	144	145	146	147	148	149
150	151	152	153	154	155	156	157	158	159
160	161	162	163	164	165	166	167	168	169
170	171	172	173	174	175	176	177	178	179
180	181	182	183	184	185	186	187	188	189
190	191	192	193	194	195	196	197	198	199

◉ 1이 나오는 횟수: ☐ 번

 0부터 299까지의 수 중에서 숫자 1은 몇 번 나오는지 구해 보세요.

정답 ▶ 94쪽

숫자를 입력한 횟수 | 수와 연산 |

키보드를 이용해 1부터 순서대로 수를 입력했습니다. 1을 연속하여 다섯 번 입력하기 전까지 1을 모두 몇 번 입력했는지 구해 보세요.

⋮

110	111	112	113	114	115	116	117	118	119

⋮

◉ [   ]과 [   ]를 입력할 때 1을 연속하여 다섯 번 입력합니다.

◉ 1을 입력한 횟수는 1부터 [   ]까지의 수 중 1이 나오는 횟수와 같습니다.

· 0부터 99까지: [   ]번

· 100부터 110까지: [   ]번

→ 1을 입력한 횟수는 모두 [   ]번 입니다.

같은 방법으로 2를 연속하여 다섯 번 입력하기 전까지 2를 모두 몇 번 입력했는지 구해 보세요.

$$1\ 2\ 3\ 4\ 5\ 6\ 7\ 8\ 9\ 10$$

$$\cdots\ 221\ 222\ 223\ \cdots$$

→ 2를 입력한 횟수는 모두 [ ] 번입니다.

정답 ▶ 94쪽

도장을 찍는 횟수 | 수와 연산 |

0부터 9까지의 숫자 도장을 찍어 6월의 모든 날짜를 다음과 같이 나타 내려고 합니다. 6은 모두 몇 번 찍어야 하는지 구해 보세요.

6월 3일 → 603

⊙ ☐ 과 ☐ 에 6을 찍는 경우를 나누어서 생각합니다.

⊙ '월'에 6을 찍는 경우는 모두 ☐ 번입니다.

⊙ '일'에 6을 찍는 경우는 모두 ☐ 번입니다.

→ 6을 찍는 횟수는 모두 ☐ 번입니다.

0부터 9까지의 숫자 도장을 찍어 6월의 모든 날짜를 다음과 같이 나타 내려고 합니다. 0은 모두 몇 번 찍어야 하는지 구해 보세요.

6월 3일 → 0603

→ 0을 찍는 횟수는 모두 [ ] 번입니다.

정답 ▶ 95쪽

Unit 04

04 조건에 맞는 수의 개수 | 수와 연산 |

다음 수 중에서 십의 자리 숫자가 백의 자리 숫자보다 크고, 일의 자리 숫자가 십의 자리 숫자보다 큰 수는 모두 몇 개인지 구해 보세요.

100	101	102	103	104	105	106	107	108	109
110	111	112	113	114	115	116	117	118	119
120	121	122	123	124	125	126	127	128	129
130	131	132	133	134	135	136	137	138	139
140	141	142	143	144	145	146	147	148	149
150	151	152	153	154	155	156	157	158	159
160	161	162	163	164	165	166	167	168	169
170	171	172	173	174	175	176	177	178	179
180	181	182	183	184	185	186	187	188	189
190	191	192	193	194	195	196	197	198	199

◉ 구하는 수의 개수: ☐ 개

200부터 299까지의 수 중에서 십의 자리 숫자가 백의 자리 숫자보다 크고, 일의 자리 숫자가 십의 자리 숫자보다 큰 수는 모두 몇 개인지 구해 보세요.

⊙ 구하는 수의 개수: ☐ 개

? 300에서 399까지의 수 중에서 십의 자리 숫자가 백의 자리 숫자보다 크고, 일의 자리 숫자가 십의 자리 숫자보다 큰 수는 모두 몇 개인지 구해 보세요.

Unit 04

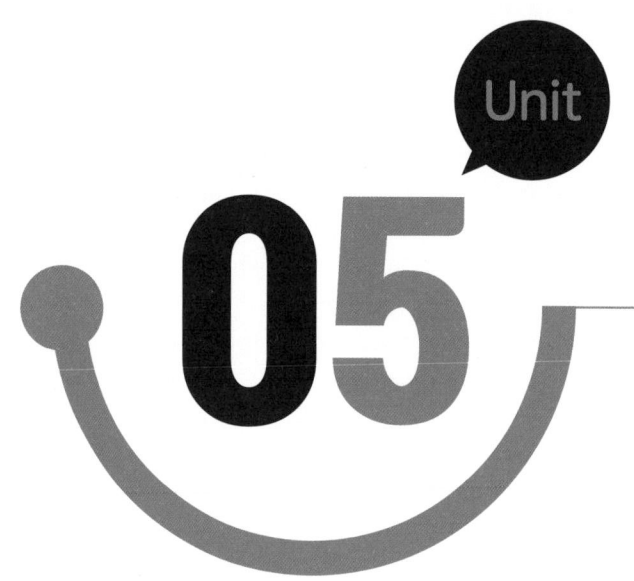

모양 올려놓기

| 수와 연산 |

넘버보드의 **알맞은 위치**에 모양을 올려놓아요!

01 두 수의 합 | 수와 연산 |

넘버보드에 다음과 같은 모양을 올리려고 합니다. 모양 안의 두 수의 합이 22가 되는 곳을 찾아 표시해 보세요. (단, 돌리거나 뒤집지 않는다.)

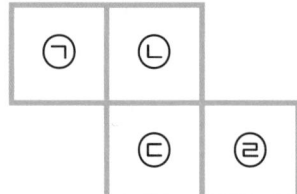

1	2	3	4	5	6	7	8	9	10
11	12	13	14	15	16	17	18	19	20
21	22	23	24	25	26	27	28	29	30

◉ ㉠~㉣ 중 가장 작은 수는 ㉠입니다. ㉡~㉣을 ㉠을 사용한 식으로 나타내어 보세요.

㉡ = ㉠ + ⬜

㉢ = ㉠ + ⬜

㉣ = ㉠ + ⬜

◉ 주어진 모양에 서로 다른 두 수를 모두 색칠하여 나타내고, 색칠한 두 수의 합이 22가 될 수 없는 경우에 ×표 해 보세요.

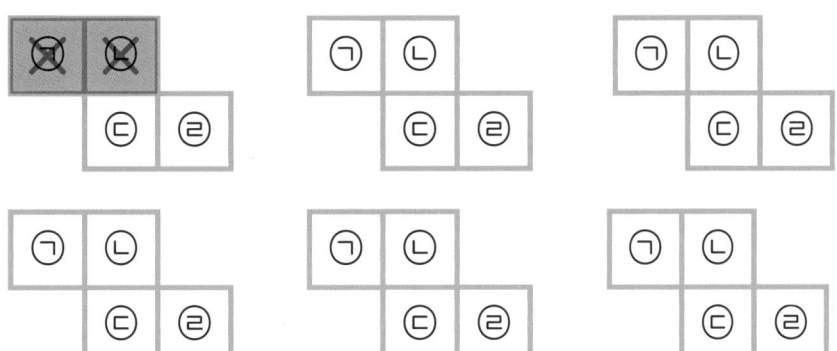

➜ 홀수와 짝수의 합은 (홀수 , 짝수)이므로 22가 될 수 없습니다.

◉ ㉠을 사용하여 나타낸 식으로 두 수의 합이 22가 되는 식을 만들어 보고, ㉠의 값을 구해 보세요.

㉠ + ☐ = 22

㉠ + ☐ + ☐ = 22

㉠ + ☐ = ☐

㉠ = ☐

㉡ + ㉢ = ☐

㉠ + ☐ + ㉠ + ☐ = ☐

㉠ + ㉠ = ☐

㉠ = ☐

정답 ▶ 96쪽

안심Touch

□를 이용하기 | 수와 연산 |

넘버보드에 다음과 같은 모양을 올렸을 때 모양 안의 4개의 수의 합은 82입니다. 모양 안의 수의 합이 146이 되는 곳을 찾아 표시해 보세요.

10+20+21+31=82

0	1	2	3	4	5	6	7	8	9
10	11	12	13	14	15	16	17	18	19
20	21	22	23	24	25	26	27	28	29
30	31	32	33	34	35	36	37	38	39
40	41	42	43	44	45	46	47	48	49

◉ 모양 안의 가장 작은 수를 □라고 할 때, 나머지 3개의 수를 □를 사용한 식으로 나타내어 보세요.

◉ □의 값을 구하는 식을 세우고, 그 값을 구해 보세요.

넘버보드에 다음과 같은 모양을 올렸을 때 모양 안의 4개의 수의 합은 342입니다. 모양 안의 수의 합이 162가 되는 곳을 찾아 표시해 보세요.

$$78+87+88+89=342$$

1	2	3	4	5	6	7	8	9	10
11	12	13	14	15	16	17	18	19	20
21	22	23	24	25	26	27	28	29	30
31	32	33	34	35	36	37	38	39	40
41	42	43	44	45	46	47	48	49	50
51	52	53	54	55	56	57	58	59	60
61	62	63	64	65	66	67	68	69	70
71	72	73	74	75	76	77	78	79	80
81	82	83	84	85	86	87	88	89	90
91	92	93	94	95	96	97	98	99	100

정답 ▶ 96쪽

03 차를 이용하기 | 수와 연산 |

넘버보드에 다음과 같은 모양을 올렸을 때 모양 안의 5개의 수의 합은 95입니다. 모양 안의 수의 합이 80이 되는 곳을 찾아 표시해 보세요.

10+11+21+22+31=95

0	1	2	3	4	5	6	7	8	9
10	11	12	13	14	15	16	17	18	19
20	21	22	23	24	25	26	27	28	29
30	31	32	33	34	35	36	37	38	39
40	41	42	43	44	45	46	47	48	49

◉ 95와 80의 차를 구해 보세요.

◉ 위에서 구한 수를 모양 안의 수의 개수로 나누어 보세요.

◉ 모양 안의 수의 합이 80이 될 때 가장 작은 수를 구해 보세요.

안쌤 Tip
모양이 일정하므로 같은 위치에
있는 두 수의 차는 모두 같아요.

넘버보드에 다음과 같은 모양을 올렸을 때 모양 안의 5개의 수의 합은
130입니다. 모양 안의 수의 합이 325가 되는 곳을 찾아 표시해 보세요.

$16+17+26+35+36=130$

1	2	3	4	5	6	7	8	9	10
11	12	13	14	15	16	17	18	19	20
21	22	23	24	25	26	27	28	29	30
31	32	33	34	35	36	37	38	39	40
41	42	43	44	45	46	47	48	49	50
51	52	53	54	55	56	57	58	59	60
61	62	63	64	65	66	67	68	69	70
71	72	73	74	75	76	77	78	79	80
81	82	83	84	85	86	87	88	89	90
91	92	93	94	95	96	97	98	99	100

Unit
05

04 모양 올려놓기 | 수와 연산 |

넘버보드에 다음과 같은 모양을 올렸을 때 모양 안의 수의 합을 구하고, 수의 합이 175가 되는 곳과 410이 되는 곳을 찾아 표시해 보세요.

┌ 합: [   ]

0	1	2	3	4	5	6	7	8	9
10	11	12	13	14	15	16	17	18	19
20	21	22	23	24	25	26	27	28	29
30	31	32	33	34	35	36	37	38	39
40	41	42	43	44	45	46	47	48	49
50	51	52	53	54	55	56	57	58	59
60	61	62	63	64	65	66	67	68	69
70	71	72	73	74	75	76	77	78	79
80	81	82	83	84	85	86	87	88	89
90	91	92	93	94	95	96	97	98	99

넘버보드에 다음과 같은 모양을 올렸을 때 모양 안의 수의 합을 구하고, 수의 합이 104가 되는 곳과 349가 되는 곳을 찾아 표시해 보세요.

합: ☐

1	2	3	4	5	6	7	8	9	10
11	12	13	14	15	16	17	18	19	20
21	22	23	24	25	26	27	28	29	30
31	32	33	34	35	36	37	38	39	40
41	42	43	44	45	46	47	48	49	50
51	52	53	54	55	56	57	58	59	60
61	62	63	64	65	66	67	68	69	70
71	72	73	74	75	76	77	78	79	80
81	82	83	84	85	86	87	88	89	90
91	92	93	94	95	96	97	98	99	100

안심Touch

06

접어서 자르기

| 도형 |

안쌤의 사고력 수학 퍼즐
넘버보드 퍼즐

접어서 잘랐을 때 **잘려 나간 모양**을 알아봐요!

색종이 자르기 ┃ 도형 ┃

<보기>와 같이 색종이를 접어 표시된 부분을 따라 자르고 폈을 때 잘린 부분을 마지막 색종이에 표시해 보세요.

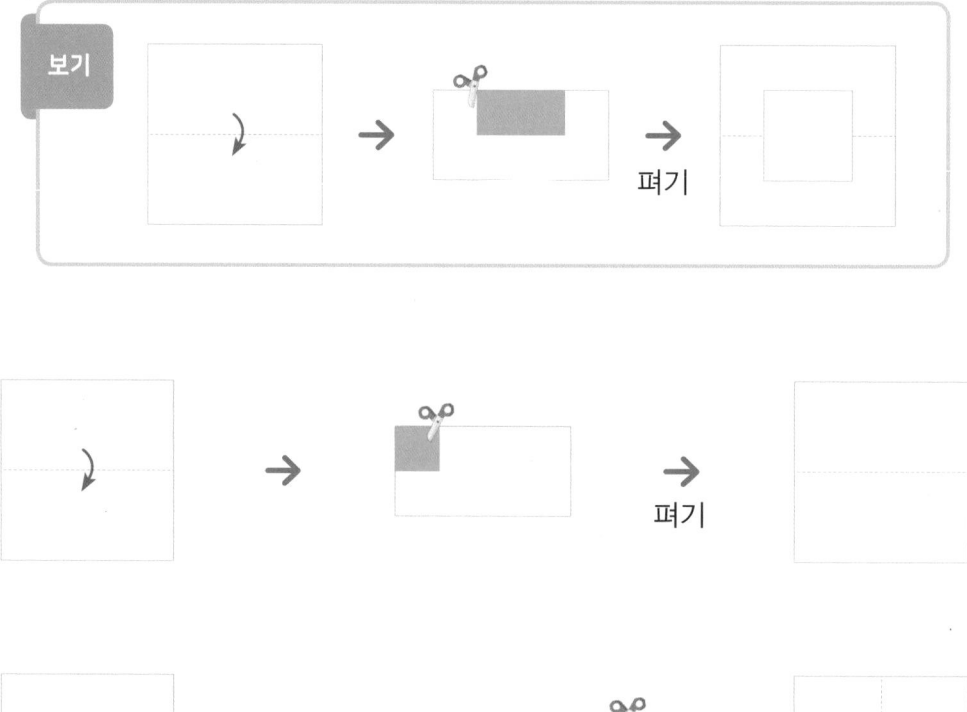

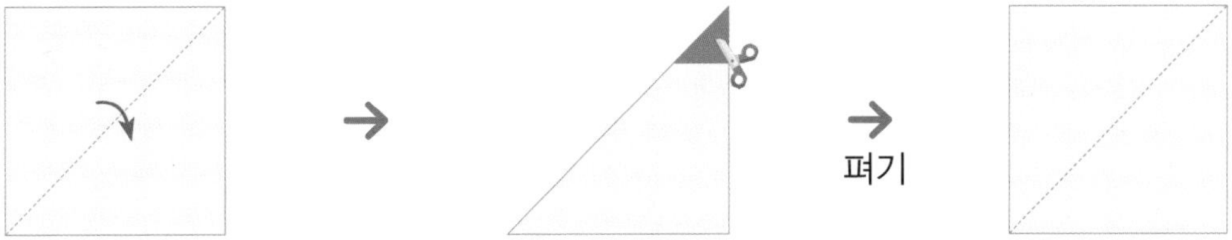

펴기

펴기

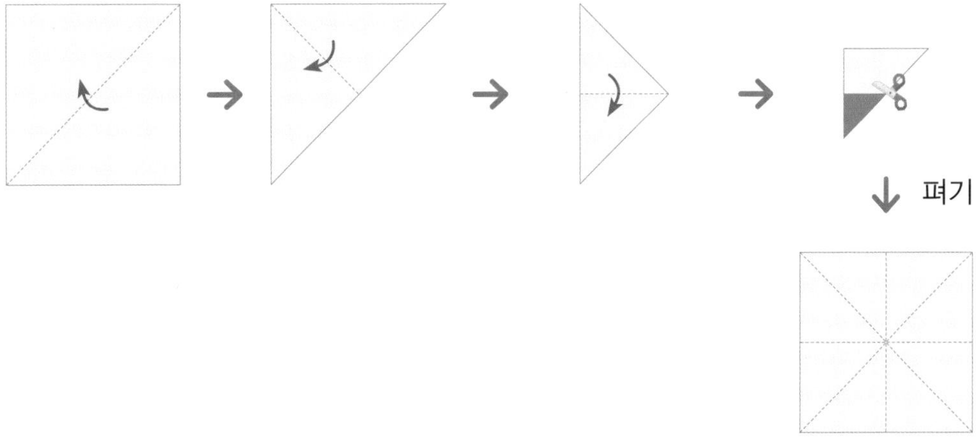

펴기

잘려 나간 모양 | 도형 |

Unit 6 / 02

넘버보드를 한 번 접어 표시된 부분을 따라 자르고 폈을 때 잘려 나간 모양을 마지막 넘버보드에 표시해 보세요.

0	1	2	3	4	5	6	7	8	9
10	11	12	13	14	15	16	17	18	19
20	21	22	23	24	25	26	27	28	29
30	31	32	33	34	35	36	37	38	39
40	41	42	43	44	45	46	47	48	49
50	51	52	53	54	55	56	57	58	59
60	61	62	63	64	65	66	67	68	69
70	71	72	73	74	75	76	77	78	79
80	81	82	83	84	85	86	87	88	89
90	91	92	93	94	95	96	97	98	99

→

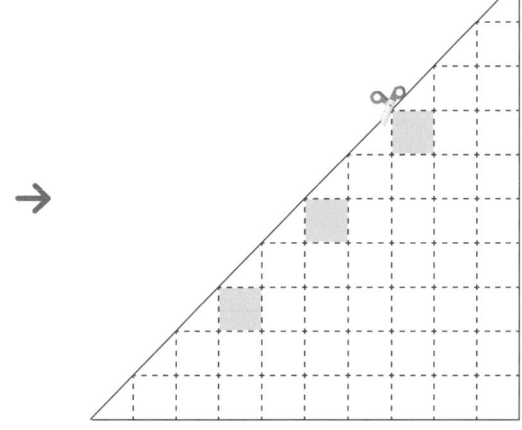

↓ 펴기

0	1	2	3	4	5	6	7	8	9
10	11	12	13	14	15	16	17	18	19
20	21	22	23	24	25	26	27	28	29
30	31	32	33	34	35	36	37	38	39
40	41	42	43	44	45	46	47	48	49
50	51	52	53	54	55	56	57	58	59
60	61	62	63	64	65	66	67	68	69
70	71	72	73	74	75	76	77	78	79
80	81	82	83	84	85	86	87	88	89
90	91	92	93	94	95	96	97	98	99

넘버보드를 두 번 접어 표시된 부분을 따라 자르고 폈을 때 잘려 나간
모양을 마지막 넘버보드에 표시해 보세요.

0	1	2	3	4	5	6	7	8	9
10	11	12	13	14	15	16	17	18	19
20	21	22	23	24	25	26	27	28	29
30	31	32	33	34	35	36	37	38	39
40	41	42	43	44	45	46	47	48	49
50	51	52	53	54	55	56	57	58	59
60	61	62	63	64	65	66	67	68	69
70	71	72	73	74	75	76	77	78	79
80	81	82	83	84	85	86	87	88	89
90	91	92	93	94	95	96	97	98	99

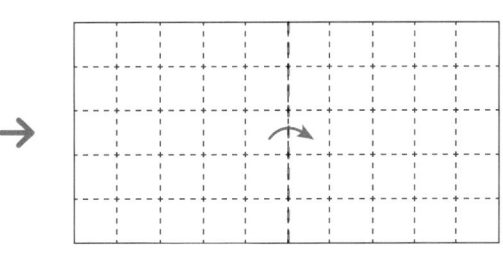

↓

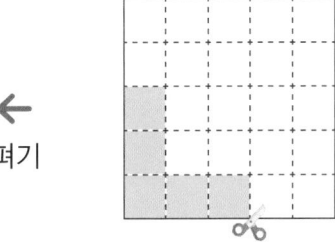

← 펴기

0	1	2	3	4	5	6	7	8	9
10	11	12	13	14	15	16	17	18	19
20	21	22	23	24	25	26	27	28	29
30	31	32	33	34	35	36	37	38	39
40	41	42	43	44	45	46	47	48	49
50	51	52	53	54	55	56	57	58	59
60	61	62	63	64	65	66	67	68	69
70	71	72	73	74	75	76	77	78	79
80	81	82	83	84	85	86	87	88	89
90	91	92	93	94	95	96	97	98	99

정답 ≫ 98쪽

잘려 나간 수 ① | 도형 |

넘버보드를 접어 표시된 부분을 따라 자르고 폈을 때 잘려 나간 모양을 오른쪽 넘버보드에 표시해 보고, ★의 위치에서 잘려 나간 수를 모두 찾아보세요.

0	1	2	3	4	5	6	7	8	9
10	11	12	13	14	15	16	17	18	19
20	21	22	23	24	25	26	27	28	29
30	31	32	33	34	35	36	37	38	39
40	41	42	43	44	45	46	47	48	49
50	51	52	53	54	55	56	57	58	59
60	61	62	63	64	65	66	67	68	69
70	71	72	73	74	75	76	77	78	79
80	81	82	83	84	85	86	87	88	89
90	91	92	93	94	95	96	97	98	99

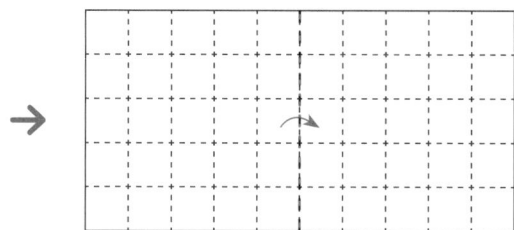

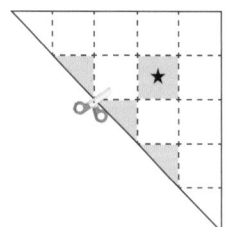

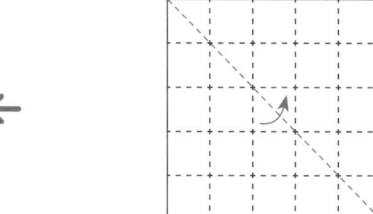

◉ 넘버보드를 폈을 때 잘려 나간 모양

0	1	2	3	4	5	6	7	8	9
10	11	12	13	14	15	16	17	18	19
20	21	22	23	24	25	26	27	28	29
30	31	32	33	34	35	36	37	38	39
40	41	42	43	44	45	46	47	48	49
50	51	52	53	54	55	56	57	58	59
60	61	62	63	64	65	66	67	68	69
70	71	72	73	74	75	76	77	78	79
80	81	82	83	84	85	86	87	88	89
90	91	92	93	94	95	96	97	98	99

◉ ★의 위치에서 잘려 나간 수:

정답 ▶ 99쪽

잘려 나간 수 ② | 도형 |

넘버보드를 접어 표시된 부분을 따라 자르고 폈을 때 잘려 나간 모양을
오른쪽 넘버보드에 표시해 보고, ★의 위치에서 잘려 나간 수를 모두
찾아보세요.

1	2	3	4	5	6	7	8	9	10
11	12	13	14	15	16	17	18	19	20
21	22	23	24	25	26	27	28	29	30
31	32	33	34	35	36	37	38	39	40
41	42	43	44	45	46	47	48	49	50
51	52	53	54	55	56	57	58	59	60
61	62	63	64	65	66	67	68	69	70
71	72	73	74	75	76	77	78	79	80
81	82	83	84	85	86	87	88	89	90
91	92	93	94	95	96	97	98	99	100

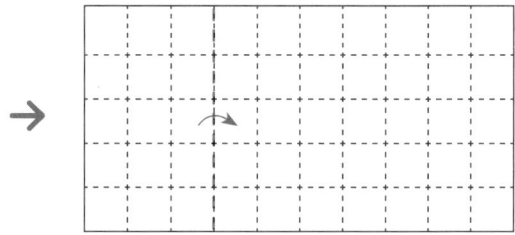

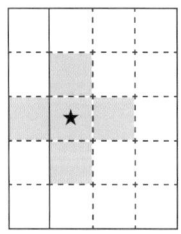

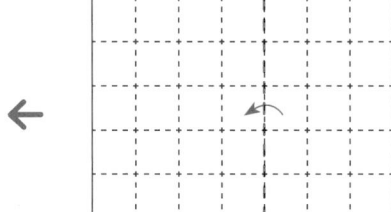

◉ 넘버보드를 폈을 때 잘려 나간 모양

1	2	3	4	5	6	7	8	9	10
11	12	13	14	15	16	17	18	19	20
21	22	23	24	25	26	27	28	29	30
31	32	33	34	35	36	37	38	39	40
41	42	43	44	45	46	47	48	49	50
51	52	53	54	55	56	57	58	59	60
61	62	63	64	65	66	67	68	69	70
71	72	73	74	75	76	77	78	79	80
81	82	83	84	85	86	87	88	89	90
91	92	93	94	95	96	97	98	99	100

◉ ★의 위치에서 잘려 나간 수:

정답 ▶ 99쪽

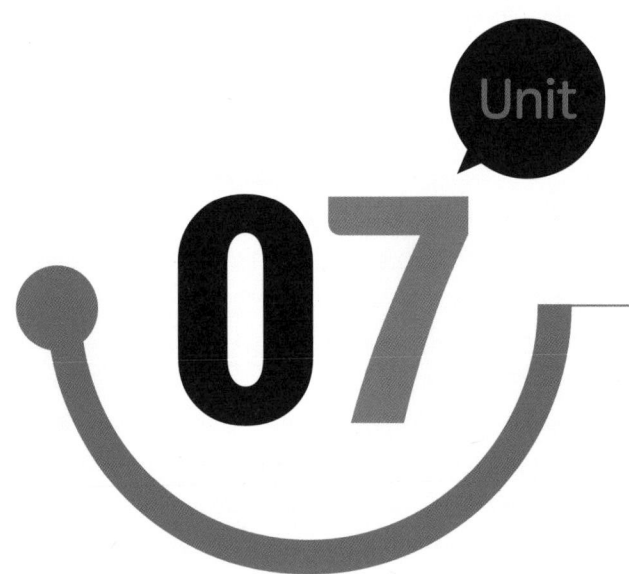

배수와 공배수

| 문제 해결 |

배수와 공배수를 이용해 문제를 해결해요!

뛰어 세기와 배수 | 문제 해결 |

1부터 100까지의 수에 어떤 규칙에 맞도록 각 모양을 표시했습니다.
각 모양의 규칙을 찾아보고, 빈칸에 알맞은 수를 써넣어 보세요.

1	2	③	△4	5	⑥	7	△8	⑨	10
11	⑫△	13	14	⑮	△16	17	⑱	19	△20
㉑	22	23	㉔△	25	26	㉗	△28	29	㉚
31	△32	�33	34	35	㊱△	37	38	㊴	△40
41	㊷	43	△44	㊸	46	47	㊽△	49	50
�51	△52	53	�554	55	△56	� ㊛57	58	59	ㅇ△60
61	62	㊹63	△64	65	㊻66	67	△68	㊹69	70
71	㊄72△	73	74	㊉75	△76	77	㊆78	79	△80
㊨81	82	83	㊗84	85	86	㊊87	△88	89	㊤90
91	△92	㊝93	94	95	㊅96△	97	98	㊈99	△100

안쌤 Tip

어떤 수를 1배, 2배, 3배, … 한 수
를 그 수의 배수라고 해요.

⊙ ◯ : 3부터 ☐ 씩 뛰어 센 수입니다.

3, 6, 9, 12, … 는 ☐ 을 1배, 2배, 3배, 4배, … 한 수입니다.

→ ☐ 의 배수

⊙ △ : 4부터 ☐ 씩 뛰어 센 수입니다.

4, 8, 12, 16, … 은 ☐ 를 1배, 2배, 3배, 4배, … 한 수입니다.

→ ☐ 의 배수

⊙ 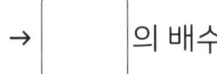 : ☐ 과 ☐ 의 공통인 배수입니다.

☐ 부터 ☐ 씩 뛰어 센 수입니다.

12, 24, 36, 48, … 은 ☐ 를 1배, 2배, 3배, 4배, … 한 수

입니다. → ☐ 의 배수 = ☐ 과 ☐ 의 공통인 배수

출발한 버스의 수 | 문제 해결 |

어느 역에서 버스가 9분 간격으로 출발합니다. 오전 10시 5분에 버스가 출발한 후 오전 11시까지 모두 몇 대의 버스가 출발하는지 구해 보세요. (단, 역에서 출발한 버스는 모두 다른 버스입니다.)

1	2	3	4	5	6	7	8	9	10
11	12	13	14	15	16	17	18	19	20
21	22	23	24	25	26	27	28	29	30
31	32	33	34	35	36	37	38	39	40
41	42	43	44	45	46	47	48	49	50
51	52	53	54	55	56	57	58	59	60

◉ 9의 배수:

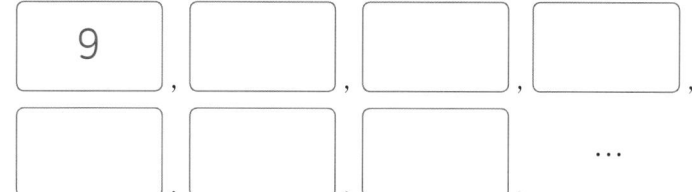

9 , [ ] , [ ] , [ ] ,

[ ] , [ ] , [ ] , ...

◉ 5부터 9씩 뛰어 센 수:

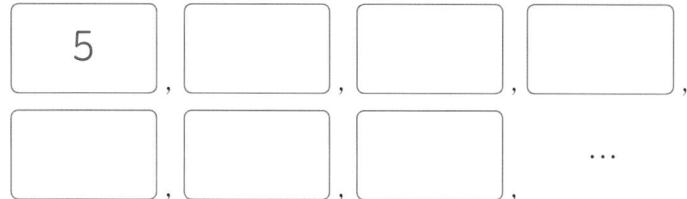

5 , [ ] , [ ] , [ ] ,

[ ] , [ ] , [ ] , ...

◉ 오전 10시 5분 이후 오전 11시까지 버스가 출발하는 시각:

→ 출발한 버스는 모두 [ ] 대입니다.

정답 ▶ 100쪽

동시에 출발한 횟수 | 문제 해결 |

어느 역에서 ①번 버스는 4분 간격으로, ②번 버스는 5분 간격으로 출발합니다. 정오에 ①번 버스와 ②번 버스가 동시에 출발한 후 오후 1시까지 두 버스가 동시에 출발한 횟수를 모두 구해 보세요.

1	2	3	4	5	6	7	8	9	10
11	12	13	14	15	16	17	18	19	20
21	22	23	24	25	26	27	28	29	30
31	32	33	34	35	36	37	38	39	40
41	42	43	44	45	46	47	48	49	50
51	52	53	54	55	56	57	58	59	60

안쌤 Tip

두 수의 공통인 배수를 두 수의 공배수라고 해요.

→ 두 버스가 동시에 출발한 횟수는 ☐ 번입니다.

Unit 07

? 같은 역에서 ③번 버스는 6분 간격으로 출발합니다. 오후 1시 정각에 ①, ②, ③번 버스가 동시에 출발한 후 오후 3시까지 세 버스가 동시에 출발한 횟수를 모두 구해 보세요.

정답 ≫ 101쪽

안심Touch

04 동시에 켜지는 시각 | 문제 해결 |

노란 전구는 5초 동안 켜졌다가 3초 동안 꺼진 후 다시 켜집니다. 파란 전구는 7초 동안 켜졌다가 3초 동안 꺼진 후 다시 켜집니다. 자정에 두 전구가 동시에 켜진 후 13번째로 동시에 켜지는 시각을 구해 보세요.

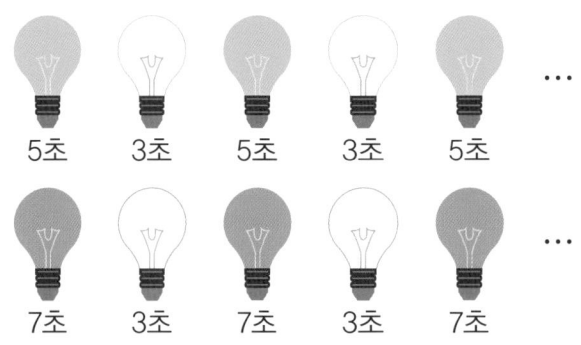

1	2	3	4	5	6	7	8	9	10
11	12	13	14	15	16	17	18	19	20
21	22	23	24	25	26	27	28	29	30
31	32	33	34	35	36	37	38	39	40
41	42	43	44	45	46	47	48	49	50
51	52	53	54	55	56	57	58	59	60

→ 13번째로 동시에 켜지는 시각은 (오전 , 오후)

[   ] 시 [   ] 분 [   ] 초입니다.

정답 ⊗ 101쪽

안심Touch

08

전략 게임

| 문제 해결 |

게임에서 승리하기 위한 **전략**을 세워봐요!

01 님 게임 | 문제 해결 |

두 사람이 1부터 20까지의 수를 지우는 게임을 하려고 합니다. 다음 규칙을 보고, 게임에서 반드시 이길 수 있는 방법을 생각해 보세요.

규칙	① 두 사람이 한 번씩 번갈아 가며 수를 1부터 차례로 지운다.
	② 한 번에 1개부터 3개까지 수를 지울 수 있다.
	③ 적어도 1개의 수는 반드시 지워야 한다.
	④ 마지막에 20을 지우는 사람이 승리한다.

I	2	3	4	5	6	7	8	9	10
II	12	13	14	15	16	17	18	19	20

※ 님(Nim) 게임 ※

님 게임은 수학 전략 보드게임입니다. 바닥에 몇 개의 돌을 놓고 게임에 참여하는 사람이 순서대로 돌아가며 정해진 개수의 돌을 가져가는데 마지막 돌을 가져가는 것에 따라 승패를 결정하는 게임입니다. 님 게임에서는 전략을 알면 항상 승리할 수 있습니다.

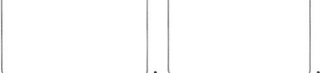

- 자신의 차례에서 지울 수 있는 수의

  최대 개수는 [ ] 개, 최소 개수는 [ ] 개입니다.

- 내가 마지막에 20을 지우려면 (18, 19, 20), (19, 20), (20) 중

  한 가지 방법으로 수를 지워야 하므로, 상대방은 [ ] 을

  반드시 지워야 합니다.

- 승리하기 위해 반드시 지워야 하는 수는 [ ] , [ ] ,

  [ ] , [ ] , [ ] 입니다.

→ 이 게임에서 승리하려면 (먼저 , 나중에) 해야 합니다.

  상대가 1개를 지우면 나는 [ ] 개, 상대가 2개를 지우면 나는

  [ ] 개, 상대가 3개를 지우면 나는 [ ] 개를 지우면 게임에

서 반드시 이깁니다.

(02) 100 말하기 | 문제 해결 |

두 사람이 1부터 100까지의 수를 번갈아 가며 말하는 게임을 하려고 합니다. 다음 규칙을 보고, 게임에서 반드시 이길 수 있는 방법을 생각해 보세요.

규칙	① 두 사람이 한 번씩 번갈아 가며 수를 말한다.
	② 먼저 시작하는 사람은 7보다 작은 수를 말한다.
	③ 다음 사람은 앞 사람이 말한 수에 7보다 작은 수를 더한 수를 말한다.
	④ 100을 말하는 사람이 승리한다.

◉ 상대방이 말한 수에 6을 더한 값이 100이 나와 게임에서 내가 이겼습니다. 이때 상대방은 어떤 수를 말했는지 생각해 보세요.

◉ 마지막에 100을 말하기 위해 그 전 차례에서 내가 반드시 말해야 하는 수는 어떤 수인지 이유와 함께 생각해 보세요.

◉ 승리하기 위해 반드시 말해야 하는 수를 모두 찾아 ○표 해 보세요.

1	2	3	4	5	6	7	8	9	10
11	12	13	14	15	16	17	18	19	20
21	22	23	24	25	26	27	28	29	30
31	32	33	34	35	36	37	38	39	40
41	42	43	44	45	46	47	48	49	50
51	52	53	54	55	56	57	58	59	60
61	62	63	64	65	66	67	68	69	70
71	72	73	74	75	76	77	78	79	80
81	82	83	84	85	86	87	88	89	90
91	92	93	94	95	96	97	98	99	100

Unit
08

정답 ▶ 102쪽

안심Touch

수 카드 가져오기 | 문제 해결 |

두 사람이 1부터 100까지의 수가 각각 하나씩 적힌 100장의 수 카드를 번갈아 가며 가져오는 게임을 하려고 합니다. 다음 규칙을 보고, 게임에서 반드시 이길 수 있는 방법을 생각해 보세요.

규칙

① 수 카드 1 부터 100 을 순서대로 놓고, 두 사람이 한 번씩 번갈아 가며 수 카드를 가져온다.

③ 수 카드는 1장부터 7장까지 원하는 수만큼 가져올 수 있지만, 작은 수부터 순서대로 가져와야 한다.

④ 적어도 1장의 수 카드는 반드시 가져와야 한다.

⑤ 수 카드 100 을 가져오는 사람이 승리한다.

◎ 상대방이 수 카드 7장을 가져가고, 남은 수 카드 100 을 내가 가져와 게임에서 이겼습니다. 이때 상대방이 가져간 수 카드에 적힌 수를 오른쪽 넘버보드 위에 표시해 보세요.

◎ 마지막에 수 카드 100 을 가져오기 위해서 그 전 차례에서 내가 반드시 가져와야 하는 수 카드는 무엇인지 생각해 보세요.

◉ 승리하기 위해 반드시 가져와야 하는 수 카드에 적힌 수를 모두 찾아 ○표 해 보
세요.

1	2	3	4	5	6	7	8	9	10
11	12	13	14	15	16	17	18	19	20
21	22	23	24	25	26	27	28	29	30
31	32	33	34	35	36	37	38	39	40
41	42	43	44	45	46	47	48	49	50
51	52	53	54	55	56	57	58	59	60
61	62	63	64	65	66	67	68	69	70
71	72	73	74	75	76	77	78	79	80
81	82	83	84	85	86	87	88	89	90
91	92	93	94	95	96	97	98	99	100

안심Touch

04 바둑돌 옮기기 | 문제 해결 |

두 사람이 넘버보드와 10장의 수 카드로 게임을 하려고 합니다. 다음 규칙을 보고, 게임에서 반드시 이길 수 있는 방법을 생각해 보세요.

규칙

① 수 카드는 0 부터 9 까지 10장을 사용한다.

② 가위바위보로 순서를 정한 후 먼저 하는 사람이 수 카드 1장을 뽑는다.

③ 먼저 하는 사람은 뽑은 수 카드의 숫자가 일의 자리의 숫자인 수가 적힌 칸에 바둑돌 1개를 놓는다. 이때, 99에 바둑돌을 놓을 수 없다.

④ 상대방부터 한 사람씩 번갈아 가며 바둑돌을 오른쪽 방향 또는 아래쪽 방향으로만 움직인다.

⑤ 바둑돌을 움직일 때 움직이는 칸의 수는 상관이 없지만 한 방향으로만 움직인다.

⑥ 번갈아 가며 게임을 진행할 때 넘버보드의 가장 오른쪽 아래 칸인 99에 바둑돌을 옮겨 놓는 사람이 승리한다.

◉ 수 카드를 1장 뽑았더니 5 가 나왔습니다. 먼저 하는 사람이 바둑돌을 놓을 수 있는 칸을 오른쪽 넘버보드에 모두 표시해 보세요.

0	1	2	3	4	5	6	7	8	9
10	11	12	13	14	15	16	17	18	19
20	21	22	23	24	25	26	27	28	29
30	31	32	33	34	35	36	37	38	39
40	41	42	43	44	45	46	47	48	49
50	51	52	53	54	55	56	57	58	59
60	61	62	63	64	65	66	67	68	69
70	71	72	73	74	75	76	77	78	79
80	81	82	83	84	85	86	87	88	89
90	91	92	93	94	95	96	97	98	99

Unit
08

? 위의 표시한 칸 중 상대방이 바둑돌을 한 번 옮겨 승리할 수 있는 칸을
찾아 ○표 해 보세요.

정답 ◎ 103쪽

안심Touch

◉ 바둑돌 옮기기 게임에서 바둑돌이 67이 적힌 칸에 놓였을 때 자신의 차례
가 되었습니다. 게임에서 승리하기 위한 방법을 설명해 보세요.

0	1	2	3	4	5	6	7	8	9
10	11	12	13	14	15	16	17	18	19
20	21	22	23	24	25	26	27	28	29
30	31	32	33	34	35	36	37	38	39
40	41	42	43	44	45	46	47	48	49
50	51	52	53	54	55	56	57	58	59
60	61	62	63	64	65	66	67	68	69
70	71	72	73	74	75	76	77	78	79
80	81	82	83	84	85	86	87	88	89
90	91	92	93	94	95	96	97	98	99

- 바둑돌을 [ ] 또는 [ ] 이 적힌 칸으로 옮기면 상대방이 99가 적힌 칸으로 바둑돌을 옮기므로 승리할 수 없습니다.

- 바둑돌을 [ ] 또는 [ ] 이 적힌 칸으로 옮기면 상대방이 88이 적힌 칸으로 바둑돌을 옮길 수 있습니다. 88이 적힌 칸에서는 내가 [ ] 또는 [ ] 이 적힌 칸으로 바둑돌을 옮길 수 밖에 없으므로 그 다음 차례에 상대방이 99가 적힌 칸으로 바둑돌을 옮겨 승리할 수 없습니다.

- 바둑돌을 [ ] 이 적힌 칸으로 옮기면 상대방은 88이 적힌 칸으로 바둑돌을 옮길 수 없습니다. 상대방이 79 또는 97이 적힌 칸으로 옮기면 그 다음 차례에 [ ] 가 적힌 칸으로 바둑돌을 옮겨 승리할 수 있고, 상대방이 78 또는 87이 적힌 칸으로 옮기면 그 다음 차례에 [ ] 이 적힌 칸으로 바둑돌을 옮겨 승리할 수 있습니다.

정답 ▶ 104쪽

안심Touch

정답

확인해 볼까요?

조건에 맞는 수 | 수와 연산 |

Unit 1 01 조건에 맞는 수 | 수와 연산 |

연결 Tip
주어진 조건을 순서대로 따지면서 조건에 맞는 수의 개수를 줄여 나가세요.

1부터 100까지의 수 중에서 조건을 모두 만족하는 수를 찾아보세요.

①	1	2	3	4	5	6	7	8	9	10
①+②	11	12	13	14	15	16	17	18	19	20
	21	22	23	24	25	26	27	28	29	30
	31	32	33	34	35	36	37	38	39	40
	41	42	43	44	45	46	47	48	49	50
	51	52	53	54	55	56	57	58	59	60
	61	62	63	64	65	66	67	68	69	70
	71	72	73	74	75	76	77	78	79	80
	81	82	83	84	85	86	87	88	89	90
	91	92	93	94	95	96	97	98	99	100

①+②+③

조건
① 숫자 1이 들어 있는 수
② 십의 자리 숫자와 일의 자리 숫자가 같은 수
③ 각 자리 숫자를 모두 더했을 때 가장 작은 수

◉ ①을 만족하는 수:

1	10	11	12	13
14	15	16	17	18
19	21	31	41	51
61	71	81	91	100

◉ ①을 만족하는 수 중 ②를 만족하는 수: 11   100

◉ ①과 ②를 만족하는 수 중 ③을 만족하는 수: 100

Unit 1 02 비밀번호 찾기 ① | 수와 연산 |

조건에 맞는 수를 찾아 네 자리 비밀번호 뒤의 두 자리 수를 알아맞혀 보세요.

①+②+③

	1	2	3	4	5	6	7	8	9	10
①	11	12	13	14	15	16	17	18	19	20
	21	22	23	24	25	26	27	28	29	30
	31	32	33	34	35	36	37	38	39	40
①+②	41	42	43	44	45	46	47	48	49	50
	51	52	53	54	55	56	57	58	59	60
	61	62	63	64	65	66	67	68	69	70
	71	72	73	74	75	76	77	78	79	80
	81	82	83	84	85	86	87	88	89	90
	91	92	93	94	95	96	97	98	99	100

조건
① 비밀번호는 일의 자리 숫자가 십의 자리 숫자보다 크다.
② 일의 자리 숫자와 십의 자리 숫자의 합이 10이다.
③ 비밀번호를 이루는 숫자 중 같은 숫자가 2개 있다.

◉ 조건을 만족하는 수를 넘버보드에 표시해 보세요.

◉ 조건을 모두 만족하는 수를 찾아 네 자리 비밀번호를 완성해 보세요.

9 5 1 9

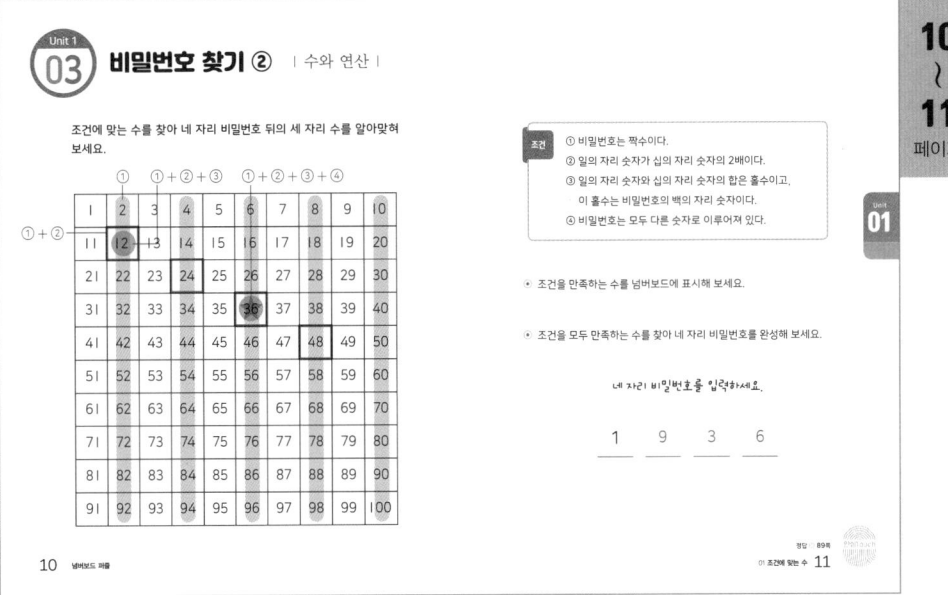

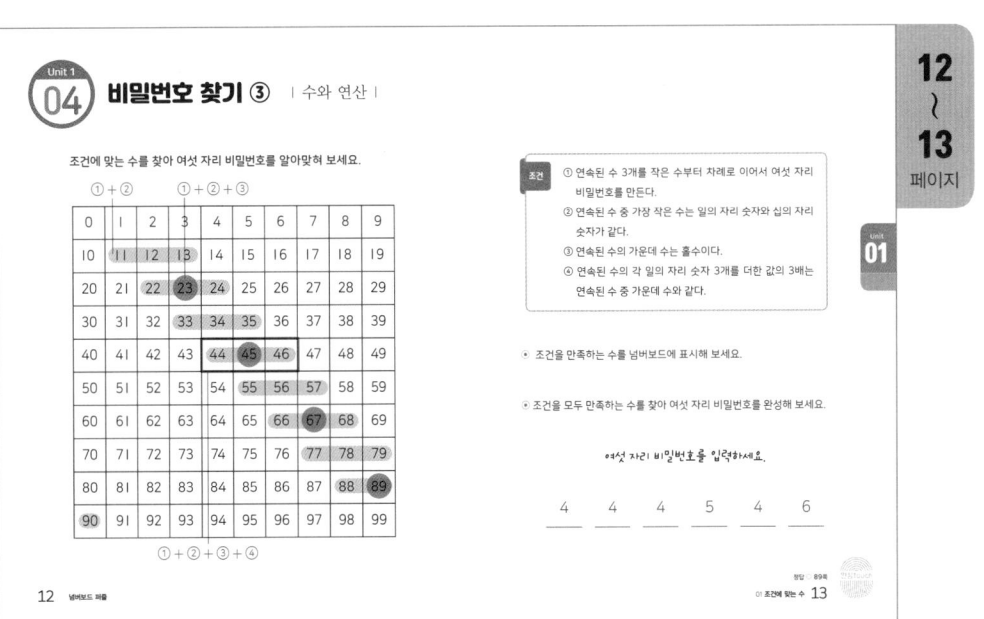

거울에 비친 숫자 | 도형 |

16
~
17
페이지

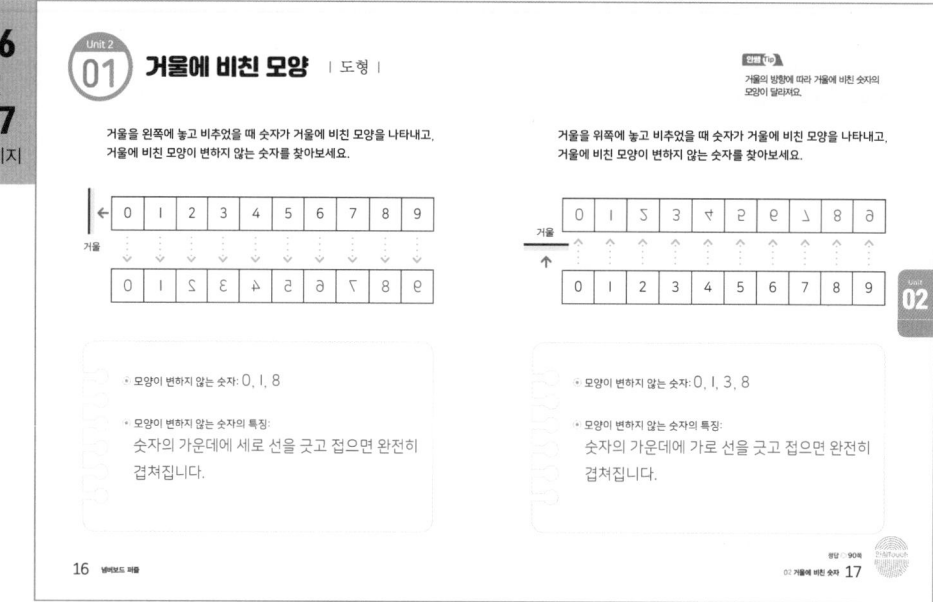

Unit 2
01 거울에 비친 모양 | 도형 |

거울을 왼쪽에 놓고 비추었을 때 숫자가 거울에 비친 모양을 나타내고, 거울에 비친 모양이 변하지 않는 숫자를 찾아보세요.

| 0 | 1 | 2 | 3 | 4 | 5 | 6 | 7 | 8 | 9 |

거울

| 9 | 8 | 7 | 6 | 5 | 4 | 3 | 2 | 1 | 0 |

• 모양이 변하지 않는 숫자: 0, 1, 8
• 모양이 변하지 않는 숫자의 특징:
  숫자의 가운데에 세로 선을 긋고 접으면 완전히 겹쳐집니다.

거울을 위쪽에 놓고 비추었을 때 숫자가 거울에 비친 모양을 나타내고, 거울에 비친 모양이 변하지 않는 숫자를 찾아보세요.

거울의 방향에 따라 거울에 비친 숫자의 모양이 달라져요.

| 0 | 1 | 2 | 3 | 4 | 5 | 6 | 7 | 8 | 9 |

거울

| 0 | 1 | 2 | 3 | 4 | 5 | 6 | 7 | 8 | 9 |

• 모양이 변하지 않는 숫자: 0, 1, 3, 8
• 모양이 변하지 않는 숫자의 특징:
  숫자의 가운데에 가로 선을 긋고 접으면 완전히 겹쳐집니다.

16 넘버보드 퍼즐

정답: 90쪽
02 거울에 비친 숫자 17

18
~
19
페이지

Unit 2
02 모양이 변하지 않는 수 | 도형 |

거울을 왼쪽에 놓고 비추었을 때 거울에 비친 모양이 변하지 않는 수에 ○표 해 보세요.

거울

⓪	①	2	3	4	5	6	7	⑧	9
10	⑪	12	13	14	15	16	17	18	19
20	21	22	23	24	25	26	27	28	29
30	31	32	33	34	35	36	37	38	39
40	41	42	43	44	45	46	47	48	49
50	51	52	53	54	55	56	57	58	59
60	61	62	63	64	65	66	67	68	69
70	71	72	73	74	75	76	77	78	79
80	81	82	83	84	85	86	87	⑧⑧	89
90	91	92	93	94	95	96	97	98	99

거울을 위쪽에 놓고 비추었을 때 거울에 비친 모양이 변하지 않는 수에 ○표 해 보세요.

거울

①	2	③	4	5	6	7	⑧	9	⑩
⑪	12	⑬	14	15	16	17	⑱	19	20
21	22	23	24	25	26	27	28	29	㉚
㉛	32	㉝	34	35	36	37	㊳	39	40
41	42	43	44	45	46	47	48	49	50
51	52	53	54	55	56	57	58	59	60
61	62	63	64	65	66	67	68	69	70
71	72	73	74	75	76	77	78	79	㊿
㊶	82	㊻	84	85	86	87	⑧⑧	89	90
91	92	93	94	95	96	97	98	99	⑩⑩

18 넘버보드 퍼즐

정답: 90쪽
02 거울에 비친 숫자 19

Unit 2
03 이상한 모양의 수 | 도형 |

거울을 왼쪽에 놓고 비추었을 때 거울에 비추어진 수가 이상한 모양인 것을 찾아 ○표 하고, 거울에 비추었을 때 옳은 모양이 되도록 고쳐 보세요.

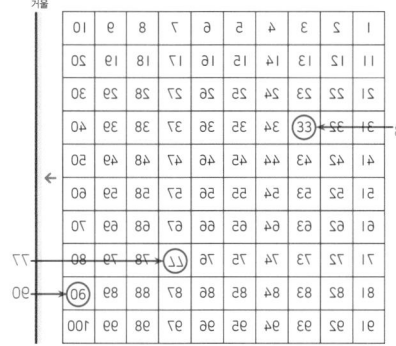

거울을 위쪽에 놓고 비추었을 때 거울에 비추어진 수가 이상한 모양인 것을 찾아 ○표 하고, 거울에 비추었을 때 옳은 모양이 되도록 고쳐 보세요.

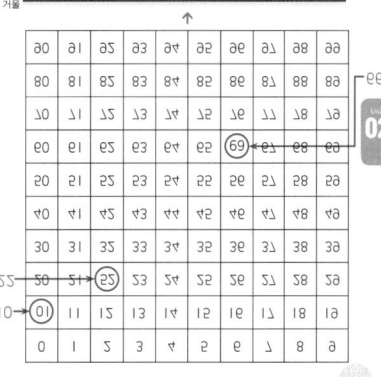

20　넘버보드 퍼즐

정답 91쪽
○: 거울에 비친 숫자 21

Unit 2
04 거울을 놓는 방향 | 도형 |

거울을 어느 방향에서 비추면 수가 똑바로 보이는지 거울의 번호에 모두 ○표 하고, 가장 큰 수와 가장 작은 수의 합과 차로 주어진 식을 완성해 보세요.

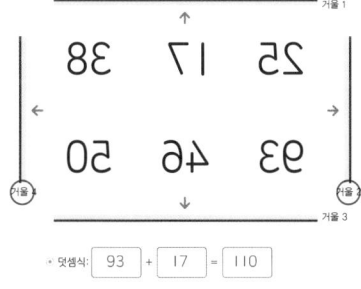

거울을 어느 방향에서 비추면 수가 똑바로 보이는지 거울의 번호에 모두 ○표 하고, 두 번째로 큰 수와 두 번째로 작은 수의 합과 차로 주어진 식을 완성해 보세요.

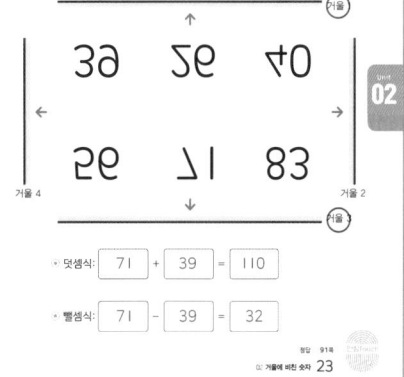

• 덧셈식: 93 + 17 = 110

• 뺄셈식: 93 - 17 = 76

• 덧셈식: 71 + 39 = 110

• 뺄셈식: 71 - 39 = 32

22　넘버보드 퍼즐

정답 91쪽
○: 거울에 비친 숫자 23

여러 가지 길 찾기 | 규칙성 |

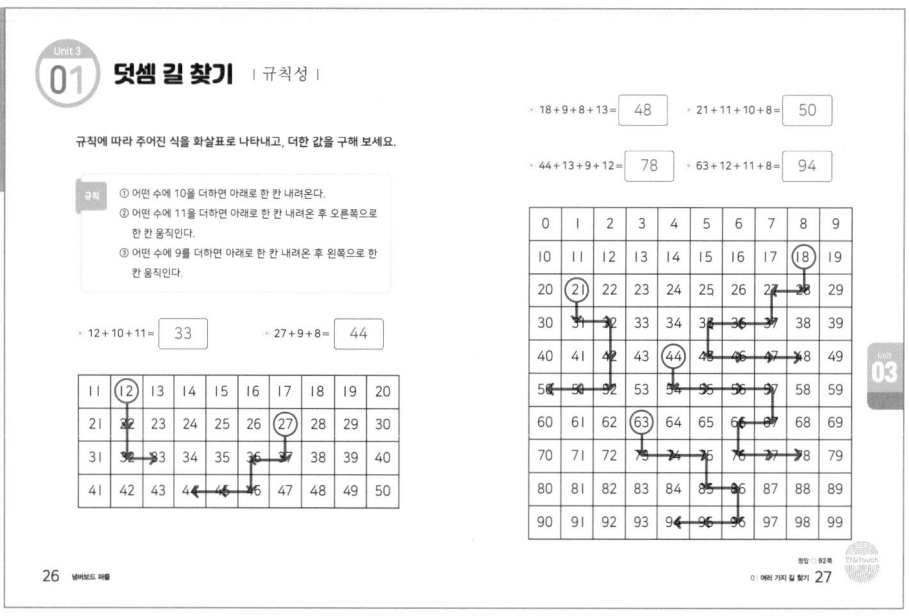

26 ~ 27 페이지

Unit 3
01 덧셈 길 찾기 | 규칙성 |

규칙에 따라 주어진 식을 화살표로 나타내고, 더한 값을 구해 보세요.

· 18 + 9 + 8 + 13 = [48]   · 21 + 11 + 10 + 8 = [50]

· 44 + 13 + 9 + 12 = [78]   · 63 + 12 + 11 + 8 = [94]

규칙
① 어떤 수에 10을 더하면 아래로 한 칸 내려온다.
② 어떤 수에 11을 더하면 아래로 한 칸 내려온 후 오른쪽으로 한 칸 움직인다.
③ 어떤 수에 9를 더하면 아래로 한 칸 내려온 후 왼쪽으로 한 칸 움직인다.

· 12 + 10 + 11 = [33]   · 27 + 9 + 8 = [44]

28 ~ 29 페이지

Unit 3
02 화살표 길 찾기 | 규칙성 |

동물이 이동한 길을 화살표로 나타내고, 도착점의 알맞은 수를 빈칸에 써넣어 보세요. (단, 화살표의 방향을 따라 한 칸씩만 이동합니다.)

[42]

[89]

[56]

---

92   넘버보드 퍼즐

Unit 3

03 거꾸로 길 찾기 | 규칙성 |

거꾸로 길을 찾아 출발점까지 화살표로 나타내고, 출발점의 알맞은 수를 빈칸에 써넣어 보세요. (단, 화살표의 방향을 따라 한 칸씩만 이동합니다.)

따라 Tip
화살표 모양을 ↑은 ↓, ↓은 ↑, →은 ←, ←은 →, ↘은 ↖, ↖은 ↘, ↙은 ↗, ↗은 ↙으로 바꾼 후 도착지에서 출발하여 거꾸로 길을 찾으세요.

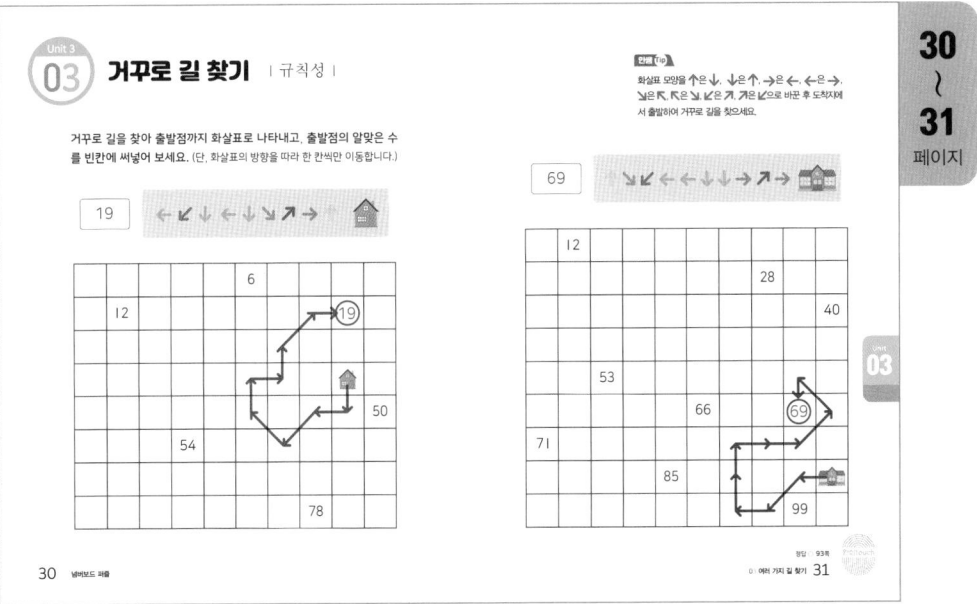

Unit 3

04 암호 길 찾기 | 규칙성 |

암호를 풀어 화살표로 나타내고, 도착점의 알맞은 수를 빈칸에 써넣어 보세요.

암호	뜻
■2△2	왼쪽으로 2칸, 위쪽으로 2칸 움직이기
⇔3	진행 방향에서 반대로 3칸 움직이기
◇2^2	오른쪽으로 2칸씩 2번 움직이기

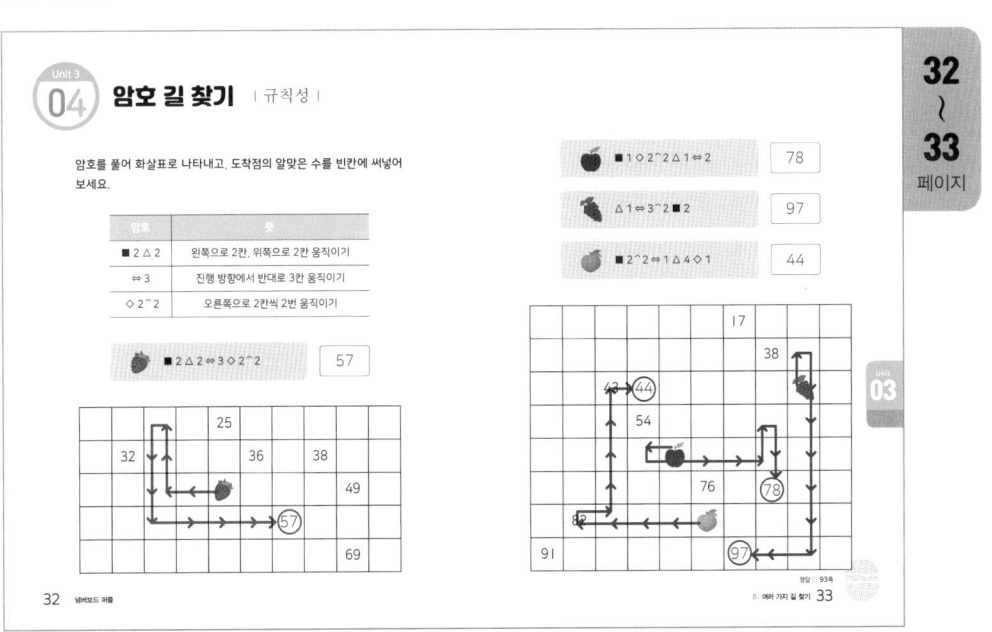

안심Touch

Unit 04 수의 개수 | 수와 연산 |

Unit 4 숫자가 나오는 횟수 | 수와 연산 |

아래의 넘버보드에서 숫자 1은 몇 번 나오는지 구해 보세요.

0	1	2	3	4	5	6	7	8	9
10	11	12	13	14	15	16	17	18	19
20	21	22	23	24	25	26	27	28	29
30	31	32	33	34	35	36	37	38	39
40	41	42	43	44	45	46	47	48	49
50	51	52	53	54	55	56	57	58	59
60	61	62	63	64	65	66	67	68	69
70	71	72	73	74	75	76	77	78	79
80	81	82	83	84	85	86	87	88	89
90	91	92	93	94	95	96	97	98	99

◉ 1이 나오는 횟수: [20] 번

0부터 99까지의 수 앞에 숫자 0과 1을 넣어 100부터 199까지의 수를 만들었습니다. 이 중 숫자 1은 몇 번 나오는지 구해 보세요.

100	101	102	103	104	105	106	107	108	109
110	111	112	113	114	115	116	117	118	119
120	121	122	123	124	125	126	127	128	129
130	131	132	133	134	135	136	137	138	139
140	141	142	143	144	145	146	147	148	149
150	151	152	153	154	155	156	157	158	159
160	161	162	163	164	165	166	167	168	169
170	171	172	173	174	175	176	177	178	179
180	181	182	183	184	185	186	187	188	189
190	191	192	193	194	195	196	197	198	199

◉ 1이 나오는 횟수: [120] 번

? 0부터 299까지의 수 중에서 숫자 1은 몇 번 나오는지 구해 보세요.
160번

정답 : 94쪽

36 넘버보드 퍼즐

04 수의 개수 37

Unit 4 숫자를 입력한 횟수 | 수와 연산 |

키보드를 이용해 1부터 순서대로 수를 입력했습니다. 1을 연속하여 다섯 번 입력하기 전까지 1을 모두 몇 번 입력했는지 구해 보세요.

⋮

110	111	112	113	114	115	116	117	118	119

⋮

• [111] 과 [112] 를 입력할 때 1을 연속하여 다섯 번 입력합니다.

• 1을 입력한 횟수는 1부터 [110] 까지의 수 중 1이 나오는 횟수와 같습니다.

· 0부터 99까지: [20] 번

· 100부터 110까지: [13] 번

➜ 1을 입력한 횟수는 모두 [33] 번 입니다.

같은 방법으로 2를 연속하여 다섯 번 입력하기 전까지 2를 모두 몇 번 입력했는지 구해 보세요.

1 2 3 4 5 6 7 8 9 10
… 221 [222 223] …

◉ 222와 223을 입력할 때 2를 연속하여 다섯 번 입력합니다.

◉ 2를 입력한 횟수는 1부터 221까지의 수 중 2가 나오는 횟수와 같습니다.

· 0부터 99까지: 20번

· 100부터 199까지: 20번

· 200부터 221까지: 26번

➜ 2를 입력한 횟수는 모두 [66] 번입니다.

정답 : 94쪽

38 넘버보드 퍼즐

04 수의 개수 39

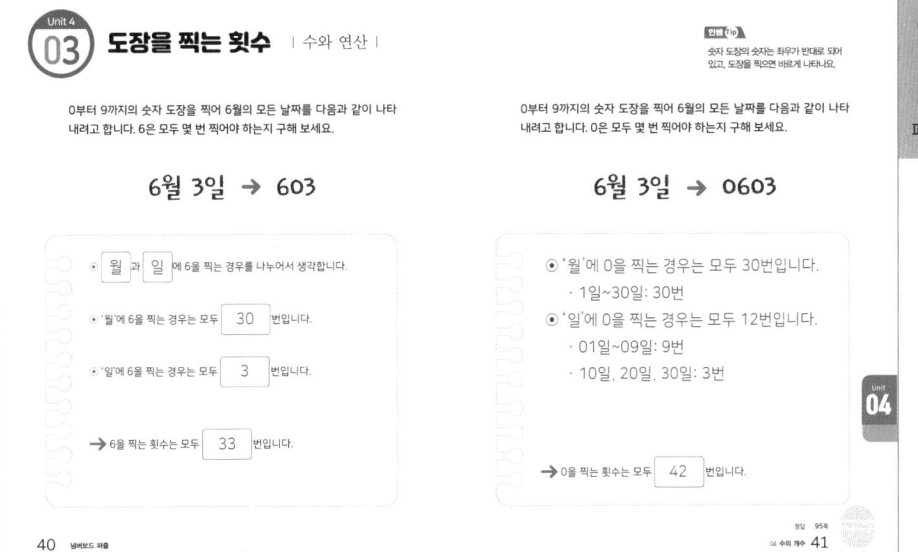

Unit 4 03 도장을 찍는 횟수 | 수와 연산 |

0부터 9까지의 숫자 도장을 찍어 6월의 모든 날짜를 다음과 같이 나타내려고 합니다. 6은 모두 몇 번 찍어야 하는지 구해 보세요.

6월 3일 → 603

- 월 과 일 에 6을 찍는 경우를 나누어서 생각합니다.
- '월'에 6을 찍는 경우는 모두 30 번입니다.
- '일'에 6을 찍는 경우는 모두 3 번입니다.

→ 6을 찍는 횟수는 모두 33 번입니다.

안쌤Tip
숫자 도장의 숫자가 좌우가 반대로 되어 있고, 도장을 찍으면 바르게 나타나요.

0부터 9까지의 숫자 도장을 찍어 6월의 모든 날짜를 다음과 같이 나타내려고 합니다. 0은 모두 몇 번 찍어야 하는지 구해 보세요.

6월 3일 → 0603

- '월'에 0을 찍는 경우는 모두 30번입니다.
  - 1일~30일: 30번
- '일'에 0을 찍는 경우는 모두 12번입니다.
  - 01일~09일: 9번
  - 10일, 20일, 30일: 3번

→ 0을 찍는 횟수는 모두 42 번입니다.

Unit 4 04 조건에 맞는 수의 개수 | 수와 연산 |

다음 수 중에서 십의 자리 숫자가 백의 자리 숫자보다 크고, 일의 자리 숫자가 십의 자리 숫자보다 큰 수는 모두 몇 개인지 구해 보세요.

100	101	102	103	104	105	106	107	108	109
110	111	112	113	114	115	116	117	118	119
120	121	122	123	124	125	126	127	128	129
130	131	132	133	134	135	136	137	138	139
140	141	142	143	144	145	146	147	148	149
150	151	152	153	154	155	156	157	158	159
160	161	162	163	164	165	166	167	168	169
170	171	172	173	174	175	176	177	178	179
180	181	182	183	184	185	186	187	188	189
190	191	192	193	194	195	196	197	198	199

7개
6개
5개
4개
3개
2개
1개

• 구하는 수의 개수: 28 개

안쌤Tip
수의 범위에 따라 조건에 맞는 수의 규칙을 생각해 보세요.

200부터 299까지의 수 중에서 십의 자리 숫자가 백의 자리 숫자보다 크고, 일의 자리 숫자가 십의 자리 숫자보다 큰 수는 모두 몇 개인지 구해 보세요.

234, 235, 236, 237, 238, 239 ← 6개
245, 246, 247, 248, 249 ← 5개
256, 257, 258, 259 ← 4개
267, 268, 269 ← 3개
278, 279 ← 2개
289 ← 1개

• 구하는 수의 개수: 21 개

(?) 300에서 399까지의 수 중에서 십의 자리 숫자가 백의 자리 숫자보다 크고, 일의 자리 숫자가 십의 자리 숫자보다 큰 수는 모두 몇 개인지 구해 보세요. 15개

 Unit

모양 올려놓기 | 수와 연산 |

Unit 5
01 두 수의 합 | 수와 연산 |

넘버보드에 다음과 같은 모양을 올리려고 합니다. 모양 안의 두 수의
합이 22가 되는 곳을 찾아 표시해 보세요. (단, 돌리거나 뒤집지 않는다.)

㉠	㉡

㉢	㉣

$5 + 17 = 22$

1	2	3	4	⑤	⑥	7	8	9	10
11	12	13	14	15	⑯	⑰	18	19	20
21	22	23	24	25	26	27	28	29	30

$6 + 16 = 22$

• ㉠~㉣ 중 가장 작은 수는 ㉠입니다. ㉡~㉣을 ㉠을 사용한 식으로 나타내어 보세요.

㉡ = ㉠ + ☐ 1

㉢ = ㉠ + ☐ 11

㉣ = ㉠ + ☐ 12

• 주어진 모양에 서로 다른 두 수를 모두 색칠하여 나타내고, 색칠한 두 수의 합
이 22가 될 수 없는 경우에 ×표 해 보세요.

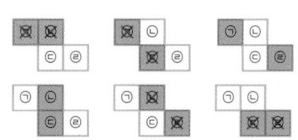

➔ 홀수와 짝수의 합은 (홀수 , 짝수)이므로 22가 될 수 없습니다.

• ㉠을 사용하여 나타낸 식으로 두 수의 합이 22가 되는 식을 만들어 보고, ㉠의 값
을 구해 보세요.

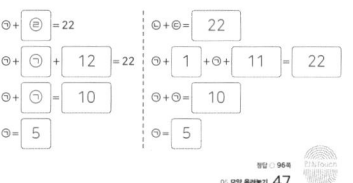

Unit 5
02 ☐를 이용하기 | 수와 연산 |

넘버보드에 다음과 같은 모양을 올렸을 때 모양 안의 4개의 수의 합은
82입니다. 모양 안의 수의 합이 146이 되는 곳을 찾아 표시해 보세요.

$10 + 20 + 21 + 31 = 82$

0	1	2	3	4	5	6	7	8	9
10	11	12	13	14	15	16	17	18	19
20	21	22	23	24	25	26	27	28	29
30	31	32	33	34	35	36	37	38	39
40	41	42	43	44	45	46	47	48	49

• 모양 안의 가장 작은 수를 ☐라고 할 때, 나머지 3개의 수를 ☐를 사용한 식으로
나타내어 보세요.
☐ + 10, ☐ + 11, ☐ + 21

• ☐의 값을 구하는 식을 세우고, 그 값을 구해 보세요.
$☐ + (☐ + 10) + (☐ + 11) + (☐ + 21) = 146$
$☐ × 4 + 42 = 146$
$☐ × 4 = 104, ☐ = 26$

넘버보드에 다음과 같은 모양을 올렸을 때 모양 안의 4개의 수의 합은
342입니다. 모양 안의 수의 합이 162가 되는 곳을 찾아 표시해 보세요.

$33 + 42 + 43 + 44 = 162$
$78 + 87 + 88 + 89 = 342$

1	2	3	4	5	6	7	8	9	10
11	12	13	14	15	16	17	18	19	20
21	22	23	24	25	26	27	28	29	30
31	32	33	34	35	36	37	38	39	40
41	42	43	44	45	46	47	48	49	50
51	52	53	54	55	56	57	58	59	60
61	62	63	64	65	66	67	68	69	70
71	72	73	74	75	76	77	78	79	80
81	82	83	84	85	86	87	88	89	90
91	92	93	94	95	96	97	98	99	100

Unit 5
03 차를 이용하기 | 수와 연산 |

안쌤 Tip
모양이 일정하므로 같은 위치에 있는 두 수의 차는 모두 같아요.

50 ~ 51 페이지
Unit 05

넘버보드에 다음과 같은 모양을 올렸을 때 모양 안의 5개의 수의 합은 95입니다. 모양 안의 수의 합이 80이 되는 곳을 찾아 표시해 보세요.

10 + 11 + 21 + 22 + 31 = 95

0	1	2	3	4	5	6	7	8	9
10	11	12	13	14	15	16	17	18	19
20	21	22	23	24	25	26	27	28	29
30	31	32	33	34	35	36	37	38	39
40	41	42	43	44	45	46	47	48	49

7 + 8 + 18 + 19 + 28 = 80

- 95와 80의 차를 구해 보세요.
  95 − 80 = 15
- 위에서 구한 수를 모양 안의 수의 개수로 나누어 보세요.
  15 ÷ 5 = 3
- 모양 안의 수의 합이 80이 될 때 가장 작은 수를 구해 보세요.
  10 − 3 = 7

넘버보드에 다음과 같은 모양을 올렸을 때 모양 안의 5개의 수의 합은 130입니다. 모양 안의 수의 합이 325가 되는 곳을 찾아 표시해 보세요.

16 + 17 + 26 + 35 + 36 = 130

1	2	3	4	5	6	7	8	9	10
11	12	13	14	15	16	17	18	19	20
21	22	23	24	25	26	27	28	29	30
31	32	33	34	35	36	37	38	39	40
41	42	43	44	45	46	47	48	49	50
51	52	53	54	55	56	57	58	59	60
61	62	63	64	65	66	67	68	69	70
71	72	73	74	75	76	77	78	79	80
81	82	83	84	85	86	87	88	89	90
91	92	93	94	95	96	97	98	99	100

55 + 56 + 65 + 74 + 75 = 325

Unit 5
04 모양 올려놓기 | 수와 연산 |

52 ~ 53 페이지
Unit 05

넘버보드에 다음과 같은 모양을 올렸을 때 모양 안의 수의 합을 구하고, 수의 합이 175가 되는 곳과 410이 되는 곳을 찾아 표시해 보세요.

합: 60   합: 175

0	1	2	3	4	5	6	7	8	9
10	11	12	13	14	15	16	17	18	19
20	21	22	23	24	25	26	27	28	29
30	31	32	33	34	35	36	37	38	39
40	41	42	43	44	45	46	47	48	49
50	51	52	53	54	55	56	57	58	59
60	61	62	63	64	65	66	67	68	69
70	71	72	73	74	75	76	77	78	79
80	81	82	83	84	85	86	87	88	89
90	91	92	93	94	95	96	97	98	99

합: 410

넘버보드에 다음과 같은 모양을 올렸을 때 모양 안의 수의 합을 구하고, 수의 합이 104가 되는 곳과 349가 되는 곳을 찾아 표시해 보세요.

합: 179   합: 104

1	2	3	4	5	6	7	8	9	10
11	12	13	14	15	16	17	18	19	20
21	22	23	24	25	26	27	28	29	30
31	32	33	34	35	36	37	38	39	40
41	42	43	44	45	46	47	48	49	50
51	52	53	54	55	56	57	58	59	60
61	62	63	64	65	66	67	68	69	70
71	72	73	74	75	76	77	78	79	80
81	82	83	84	85	86	87	88	89	90
91	92	93	94	95	96	97	98	99	100

합: 349

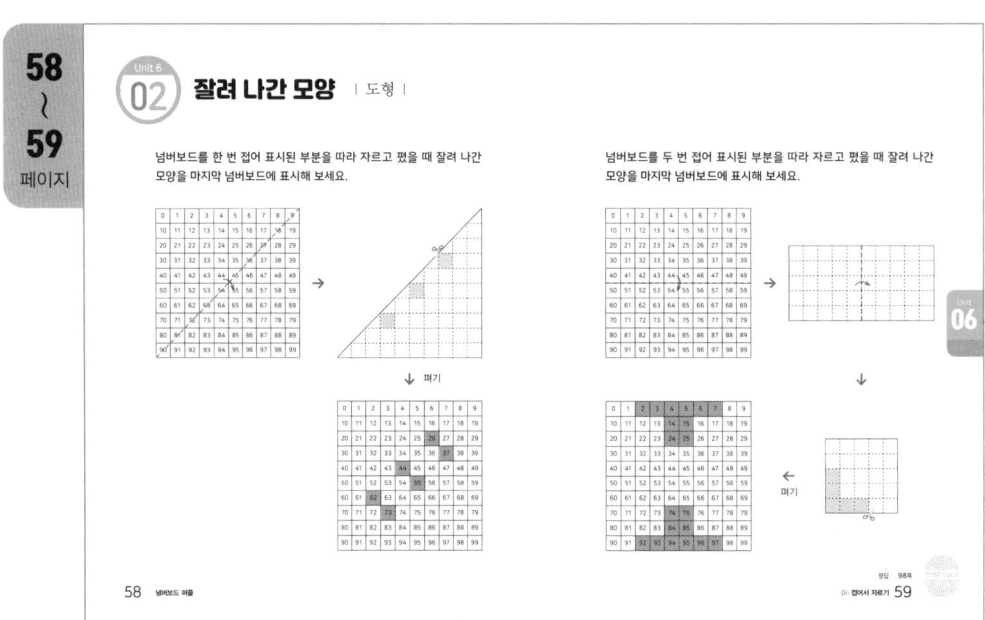

안쌤의 사고력 수학 퍼즐
넘버보드 퍼즐

Unit 6 03 잘려 나간 수 ① | 도형 |

넘버보드를 접어 표시된 부분을 따라 자르고 폈을 때 잘려 나간 모양을
오른쪽 넘버보드에 표시해 보고, ★의 위치에서 잘려 나간 수를 모두
찾아보세요.

 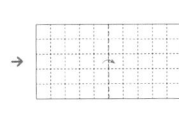

• 넘버보드를 폈을 때 잘려 나간 모양

0	1	2	3	4	5	6	7	8	9
10	11	12	13	14	15	16	17	18	19
20	21	22	23	24	25	26	27	28	29
30	31	32	33	34	35	36	37	38	39
40	41	42	43	44	45	46	47	48	49
50	51	52	53	54	55	56	57	58	59
60	61	62	63	64	65	66	67	68	69
70	71	72	73	74	75	76	77	78	79
80	81	82	83	84	85	86	87	88	89
90	91	92	93	94	95	96	97	98	99

• ★의 위치에서 잘려 나간 수: 13, 16, 31, 38, 61, 68, 83, 86

정답 99쪽 / 아 접어서 자르기 61

Unit 6 04 잘려 나간 수 ② | 도형 |

넘버보드를 접어 표시된 부분을 따라 자르고 폈을 때 잘려 나간 모양을
오른쪽 넘버보드에 표시해 보고, ★의 위치에서 잘려 나간 수를 모두
찾아보세요.

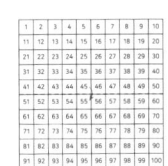 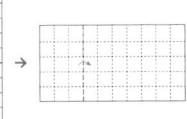

• 넘버보드를 폈을 때 잘려 나간 모양

1	2	3	4	5	6	7	8	9	10
11	12	13	14	15	16	17	18	19	20
21	22	23	24	25	26	27	28	29	30
31	32	33	34	35	36	37	38	39	40
41	42	43	44	45	46	47	48	49	50
51	52	53	54	55	56	57	58	59	60
61	62	63	64	65	66	67	68	69	70
71	72	73	74	75	76	77	78	79	80
81	82	83	84	85	86	87	88	89	90
91	92	93	94	95	96	97	98	99	100

• ★의 위치에서 잘려 나간 수: 22, 25, 30, 72, 75, 80

정답 99쪽 / 아 접어서 자르기 63

Unit 07

배수와 공배수 | 문제 해결 |

66 ~ 67 페이지

Unit 7 01 뛰어 세기와 배수 | 문제 해결 |

1부터 100까지의 수에 어떤 규칙에 맞도록 각 모양을 표시했습니다.
각 모양의 규칙을 찾아보고, 빈칸에 알맞은 수를 써넣어 보세요.

개념 Tip
어떤 수를 1배, 2배, 3배, … 한 수를 그 수의 배수라고 해요.

- ○ : 3부터 3 씩 뛰어 센 수입니다.

  3, 6, 9, 12, … 는 3 을 1배, 2배, 3배, 4배, … 한 수입니다.

  → 3 의 배수

- △ : 4부터 4 씩 뛰어 센 수입니다.

  4, 8, 12, 16, … 은 4 를 1배, 2배, 3배, 4배, … 한 수입니다.

  → 4 의 배수

- ◎ : 3 과 4 의 공통인 배수입니다.

  12 부터 12 씩 뛰어 센 수입니다.

  12, 24, 36, 48, … 은 12 를 1배, 2배, 3배, 4배, … 한 수

  입니다. → 12 의 배수 = 3 과 4 의 공통인 배수

66 넘버보드 퍼즐

정답 : 100쪽
06 배수와 공배수 67

68 ~ 69 페이지

Unit 7 02 출발한 버스의 수 | 문제 해결 |

어느 역에서 버스가 9분 간격으로 출발합니다. 오전 10시 5분에 버스
가 출발한 후 오전 11시까지 모두 몇 대의 버스가 출발하는지 구해 보
세요. (단, 역에서 출발한 버스는 모두 다른 버스입니다.)

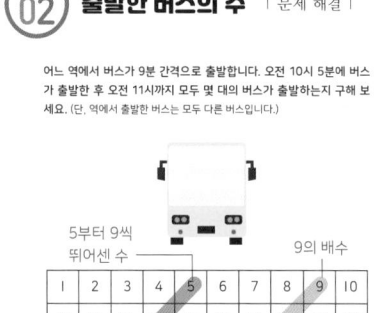

5부터 9씩
뛰어센 수

9의 배수

1	2	3	4	5	6	7	8	9	10
11	12	13	14	15	16	17	18	19	20
21	22	23	24	25	26	27	28	29	30
31	32	33	34	35	36	37	38	39	40
41	42	43	44	45	46	47	48	49	50
51	52	53	54	55	56	57	58	59	60

- 9의 배수 :

  9 , 18 , 27 , 36

  45 , 54 , 63 , …

- 5부터 9씩 뛰어 센 수 :

  5 , 14 , 23 , 32

  41 , 50 , 59 , …

- 오전 10시 5분 이후 오전 11시까지 버스가 출발하는 시각 :

  10시 14분, 10시 23분, 10시 32분,

  10시 41분, 10시 50분, 10시 59분

  → 출발한 버스는 모두 6 대입니다.

68 넘버보드 퍼즐

정답 : 100쪽
06 배수와 공배수 69

100   넘버보드 퍼즐

Unit 7
03 동시에 출발한 횟수 | 문제 해결 |

70 ~ 71 페이지

어느 역에서 ①번 버스는 4분 간격으로, ②번 버스는 5분 간격으로 출발합니다. 정오에 ①번 버스와 ②번 버스가 동시에 출발한 후 오후 1시까지 두 버스가 동시에 출발한 횟수를 모두 구해 보세요.

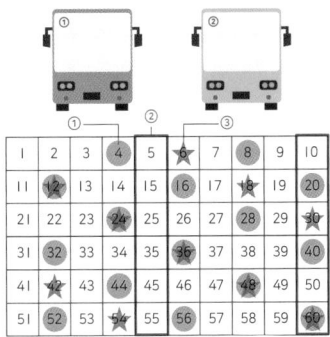

안쌤 Tip
두 수의 공통인 배수를 두 수의 공배수라고 해요.

- 4의 배수: 4, 8, 12, 16, 20, 24, 28, 32, 36, 40, 44, 48, 52, 56, 60, …
- 5의 배수: 5, 10, 15, 20, 35, 30, 35, 40, 45, 60, …
- 4와 5의 공배수: 20, 40, 60, …
- 오후 1시까지 두 버스가 동시에 출발한 시각: 오후 12시 20분, 오후 12시 40분, 오후 1시

→ 두 버스가 동시에 출발한 횟수는 3 번입니다.

? 같은 역에서 ③번 버스는 6분 간격으로 출발합니다. 오후 1시 정각에 ①, ②, ③번 버스가 동시에 출발한 후 오후 3시까지 세 버스가 동시에 출발한 횟수를 모두 구해 보세요.
2번(오후 2시, 오후 3시)

정답 : 101쪽
06 배수와 공배수 71

Unit 7
04 동시에 켜지는 시각 | 문제 해결 |

72 ~ 73 페이지

노란 전구는 5초 동안 켜졌다가 3초 동안 꺼진 후 다시 켜집니다. 파란 전구는 7초 동안 켜졌다가 3초 동안 꺼진 후 다시 켜집니다. 자정에 두 전구가 동시에 켜진 후 13번째로 동시에 켜지는 시각을 구해 보세요.

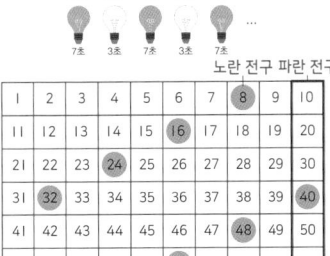

노란 전구 파란 전구

- 노란 전구는 8초마다 켜지고, 파란 전구는 10초마다 켜집니다.
- 8의 배수: 8, 16, 24, 32, 40, 48, 56, …
- 10의 배수: 10, 20, 30, 40, 50, 60, …
- 8과 10의 공배수: 40
- 1번째로 동시에 켜지는 데 걸리는 시간: 40초
- 13번째 동시에 켜지는 데 걸리는 시간: $40 \times 13 = 520$(초) $= 8$분 40초

→ 13번째로 동시에 켜지는 시각은 (오전, 오후)
12 시 8 분 40 초입니다.

정답 : 101쪽
06 배수와 공배수 73

안심Touch

Unit 08 배수와 공배수 | 문제 해결 |

76 ~ 77 페이지

Unit 8 01 님 게임 | 문제 해결 |

두 사람이 1부터 20까지의 수를 지우는 게임을 하려고 합니다. 다음 규칙을 보고, 게임에서 반드시 이길 수 있는 방법을 생각해 보세요.

규칙
① 두 사람이 한 번씩 번갈아 가며 수를 1부터 차례로 지운다.
② 한 번에 1개부터 3개까지 수를 지울 수 있다.
③ 적어도 1개의 수는 반드시 지워야 한다.
④ 마지막에 20을 지우는 사람이 승리한다.

내가 지워야 하는 수

1	2	3	~~4~~	5	6	7	~~8~~	9	10
11	~~12~~	13	14	15	~~16~~	⑰	18	19	~~20~~

이기는 수

상대방이 반드시 지워야 하는 수

※ 님(Nim) 게임 ※

님 게임은 수학 전략 보드게임입니다. 바닥에 몇 개의 돌을 놓고 게임에 참여하는 사람이 순서대로 돌아가며 정해진 개수의 돌을 가져가는데 마지막 돌을 가져가는 것에 따라 승패를 결정하는 게임입니다. 님 게임에서는 전략을 알면 항상 승리할 수 있습니다.

안쌤 Tip
님 게임의 승리 전략은 거꾸로 생각하는 것이에요.

- 자신의 차례에서 지울 수 있는 수의 최대 개수는 [3]개, 최소 개수는 [1]개입니다.
- 내가 마지막에 20을 지우려면 (18, 19, 20), (19, 20), (20) 중 한 가지 방법으로 수를 지워야 하므로, 상대방은 [17]을 반드시 지워야 합니다.
- 승리하기 위해 반드시 지워야 하는 수는 [4], [8], [12], [16], [20]입니다.

→ 이 게임에서 승리하려면 (먼저 , (나중에)) 해야 합니다.
상대가 1개를 지우면 나는 [3]개, 상대가 2개를 지우면 나는 [2]개, 상대가 3개를 지우면 나는 [1]개를 지우면 게임에서 반드시 이깁니다.

76 넘버보드 퍼즐 / 정답 102쪽 / 08 전략 게임 77

78 ~ 79 페이지

Unit 8 02 100 말하기 | 문제 해결 |

두 사람이 1부터 100까지의 수를 번갈아 가며 말하는 게임을 하려고 합니다. 다음 규칙을 보고, 게임에서 반드시 이길 수 있는 방법을 생각해 보세요.

규칙
① 두 사람이 한 번씩 번갈아 가며 수를 말한다.
② 먼저 시작하는 사람은 7보다 작은 수를 말한다.
③ 다음 사람은 앞 사람이 말한 수에 7보다 작은 수를 더한 수를 말한다.
④ 100을 말하는 사람이 승리한다.

- 상대방이 말한 수에 6을 더한 값이 100이 나와 게임에서 내가 이겼습니다. 이때 상대방은 어떤 수를 말했는지 생각해 보세요. 94
- 마지막에 100을 말하기 위해 그 전 차례에서 내가 반드시 말해야 하는 수는 어떤 수인지 이유와 함께 생각해 보세요. ·말해야 하는 수: 93
·이유: 93에 더할 수 있는 수 중 가장 큰 수인 6을 더한 값이 99이므로 상대방은 100을 말할 수 없습니다.

- 승리하기 위해 반드시 말해야 하는 수를 모두 찾아 ○표 해 보세요.

1	②	3	4	5	6	7	8	⑨	10
11	12	13	14	15	⑯	17	18	19	20
21	22	㉓	24	25	26	27	28	29	㉚
31	32	33	34	35	36	㊲	38	39	40
41	42	43	㊹	45	46	47	48	49	50
(51)	52	53	54	55	56	57	(58)	59	60
61	62	63	64	(65)	66	67	68	69	70
71	(72)	73	74	75	76	77	78	(79)	80
81	82	83	84	85	(86)	87	88	89	90
91	92	(93)	94	95	96	97	98	99	(100)

78 넘버보드 퍼즐 / 정답 102쪽 / 08 전략 게임 79

80 ~ 81 페이지

Unit 8 03

수 카드 가져오기 | 문제 해결 |

두 사람이 1부터 100까지의 수가 각각 하나씩 적힌 100장의 수 카드를 번갈아 가며 가져오는 게임을 하려고 합니다. 다음 규칙을 보고, 게임에서 반드시 이길 수 있는 방법을 생각해 보세요.

규칙
① 수 카드 1 부터 100 을 순서대로 놓고, 두 사람이 한 번씩 번갈아 가며 수 카드를 가져온다.
③ 수 카드는 1장부터 7장까지 원하는 수만큼 가져올 수 있지만, 작은 수부터 순서대로 가져와야 한다.
④ 적어도 1장의 수 카드는 반드시 가져와야 한다.
⑤ 수 카드 100 을 가져오는 사람이 승리한다.

- 상대방이 수 카드 7장을 가져가고, 남은 수 카드 100 을 내가 가져와 게임에서 이겼습니다. 이때 상대방이 가져간 수 카드에 적힌 수를 오른쪽 넘버보드 위에 표시해 보세요.

93, 94, 95, 96, 97, 98, 99

- 마지막에 수 카드 100 을 가져오기 위해서 그 전 차례에서 내가 반드시 가져와야 하는 수 카드는 무엇인지 생각해 보세요.

·수 카드: 92
·이유: 93 부터 최대로 가져갈 수 있는 수 카드 7장을 가져가도 99 까지이므로 상대방은 100 을 가져갈 수 없습니다.

- 승리하기 위해 반드시 가져와야 하는 수 카드에 적힌 수를 모두 찾아 ○표 해 보세요.

1	2	3	④	5	6	7	8	9	10
11	⑫	13	14	15	16	17	18	19	⑳
21	22	23	24	25	26	27	㉘	29	30
31	32	33	34	35	㊱	37	38	39	40
41	42	43	㊹	45	46	47	48	49	50
51	(52)	53	54	55	56	57	58	59	(60)
61	62	63	64	65	66	67	(68)	69	70
71	72	73	74	75	(76)	77	78	79	80
81	82	83	(84)	85	86	87	88	89	90
91	(92)	93	94	95	96	97	98	99	(100)

상대방이 가져간 7장의 수 카드에 적힌 수

82 ~ 83 페이지

Unit 8 04

바둑돌 옮기기 | 문제 해결 |

두 사람이 넘버보드와 10장의 수 카드로 게임을 하려고 합니다. 다음 규칙을 보고, 게임에서 반드시 이길 수 있는 방법을 생각해 보세요.

규칙
① 수 카드는 0 부터 9 까지 10장을 사용한다.
② 가위바위보로 순서를 정한 후 먼저 하는 사람이 수 카드 1장을 뽑는다.
③ 먼저 하는 사람은 뽑은 수 카드의 숫자가 일의 자리의 숫자인 수가 적힌 칸에 바둑돌 1개를 놓는다. 이때, 99에 바둑돌을 놓을 수 없다.
④ 상대방부터 한 사람씩 번갈아 가며 바둑돌을 오른쪽 방향 또는 아래쪽 방향으로만 움직인다.
⑤ 바둑돌을 움직일 때 움직이는 칸의 수는 상관이 없지만 한 방향으로만 움직인다.
⑥ 번갈아 가며 게임을 진행할 때 넘버보드의 가장 오른쪽 아래 칸인 99에 바둑돌을 옮겨 놓는 사람이 승리한다.

- 수 카드를 1장 뽑았더니 5 가 나왔습니다. 먼저 하는 사람이 바둑돌을 놓을 수 있는 칸을 오른쪽 넘버보드에 모두 표시해 보세요.

5, 15, 25, 35, 45, 55, 65, 75, 85, 95

바둑돌을 놓을 수 있는 칸

0	1	2	3	4	5	6	7	8	9
10	11	12	13	14	15	16	17	18	19
20	21	22	23	24	25	26	27	28	29
30	31	32	33	34	35	36	37	38	39
40	41	42	43	44	45	46	47	48	49
50	51	52	53	54	55	56	57	58	59
60	61	62	63	64	65	66	67	68	69
70	71	72	73	74	75	76	77	78	79
80	81	82	83	84	85	86	87	88	89
90	91	92	93	94	(95)	96	97	98	99

? 위의 표시한 칸 중 상대방이 바둑돌을 한 번 옮겨 승리할 수 있는 칸을 찾아 ○표 해 보세요.

먼저 하는 사람이 바둑돌을 95가 적힌 칸에 놓으면 상대방이 99가 적힌 칸으로 바둑돌을 한 번 옮겨 승리할 수 있습니다.

- 바둑돌 옮기기 게임에서 바둑돌이 67이 적힌 칸에 놓였을 때 자신의 차례가 되었습니다. 게임에서 승리하기 위한 방법을 설명해 보세요.

승리하기 위해 바둑돌을 옮겨 놓아야 할 칸

0	1	2	3	4	5	6	7	8	9
10	11	12	13	14	15	16	17	18	19
20	21	22	23	24	25	26	27	28	29
30	31	32	33	34	35	36	37	38	39
40	41	42	43	44	45	46	47	48	49
50	51	52	53	54	55	56	57	58	59
60	61	62	63	64	65	66	67	68	69
70	71	72	73	74	75	76	77	78	79
80	81	82	83	84	85	86	87	88	89
90	91	92	93	94	95	96	97	98	99

자신의 차례에 표시한 칸으로 바둑돌을 옮겨 놓는 방법으로 게임을 진행하면 승리합니다.

84 넘버보드 퍼즐

- 바둑돌을 [69] 또는 [97] 이 적힌 칸으로 옮기면 상대방이 99가 적힌 칸으로 바둑돌을 옮기므로 승리할 수 없습니다.
- 바둑돌을 [68] 또는 [87] 이 적힌 칸으로 옮기면 상대방이 88이 적힌 칸으로 바둑돌을 옮길 수 있습니다. 88이 적힌 칸에서는 내가 [89] 또는 [98] 이 적힌 칸으로 바둑돌을 옮길 수 밖에 없으므로 그 다음 차례에 상대방이 99가 적힌 칸으로 바둑돌을 옮겨 승리할 수 없습니다.
- 바둑돌을 [77] 이 적힌 칸으로 옮기면 상대방은 88이 적힌 칸으로 바둑돌을 옮길 수 없습니다. 상대방이 79 또는 97이 적힌 칸으로 옮기면 그 다음 차례에 [99] 가 적힌 칸으로 바둑돌을 옮겨 승리할 수 있고, 상대방이 78 또는 87이 적힌 칸으로 옮기면 그 다음 차례에 [88] 이 적힌 칸으로 바둑돌을 옮겨 승리할 수 있습니다.

순서	나	상대방	나	상대방	나
패	69, 97	99	-	-	-
패	68, 87	88	89, 87	99	-
승	77	78, 87	88	89, 98	99
승	77	79, 97	99	-	-

MEMO

안쌤의 사고력 수학 퍼즐
넘버보드 퍼즐

안쌤의 사고력 수학 퍼즐
넘버보드 퍼즐

좋은 책을 만드는 길
독자님과 함께하겠습니다.

도서나 동영상에 궁금한 점, 아쉬운 점, 만족스러운 점이
있으시다면 어떤 의견이라도 말씀해 주세요.
SD에듀는 독자님의 의견을 모아 더 좋은 책으로 보답하겠습니다.

www.sdedu.co.kr

안쌤의 사고력 수학 퍼즐 넘버보드 퍼즐

초 판 발 행	2022년 07월 05일 (인쇄 2022년 05월 25일)
발 행 인	박영일
책 임 편 집	이해욱
저 자	안쌤 영재교육연구소
편 집 진 행	이미림
표지디자인	조혜령
편집디자인	양혜련
발 행 처	(주)시대교육
공 급 처	(주)시대고시기획
출 판 등 록	제 10−1521호
주 소	서울시 마포구 큰우물로 75 [도화동 538 성지 B/D] 9F
전 화	1600−3600
팩 스	02−701−8823
홈 페 이 지	www.sdedu.co.kr
I S B N	979−11−383−2544−8 (63410)
정 가	12,000원

시대교육이 준비한
특별한 학생을 위한,
최상의 학습 시리즈

B

C

초등영재로 가는 지름길,
안쌤의 창의사고력 수학 실전편 시리즈

· 영역별 기출문제 및 연습문제
· 문제와 해설을 한눈에 볼 수 있는 정답 및 해설
· 초등 3~6학년

안쌤의 수·과학 융합 특강

· 초등 교과와 연계된 24가지 주제 수록
· 수학사고력+과학탐구력+융합사고력
　동시 향상

A

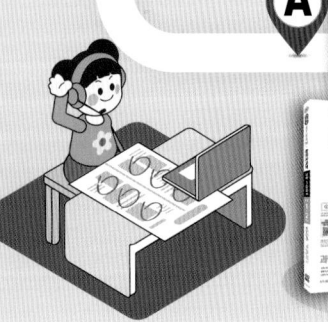

안쌤의 STEAM+창의사고력
수학 100제, 과학 100제 시리즈

· 영재성검사 기출문제
· 창의사고력 실력다지기 100제
· 초등 1~6학년, 중등

Coming Soon!

· 신박한 과학 탐구 보고서
· 영재들의 학습법

※ 도서명과 이미지, 구성은 변경될 수 있습니다.

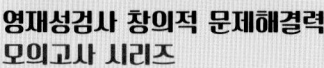

E

수학이 쑥쑥! 코딩이 척척!
초등코딩 수학 사고력 시리즈

· 초등 SW 교육과정 완벽 반영
· 수학을 기반으로 한 SW 융합 학습서
· 초등 컴퓨팅 사고력 + 수학 사고력 동시 향상
· 초등 1~6학년, 영재교육원 대비

D

영재성검사 창의적 문제해결력
모의고사 시리즈

· 영재성검사 기출문제
· 영재성검사 모의고사 4회분
· 초등 3~6학년, 중등

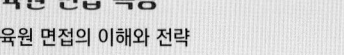

F

스스로 평가하고 준비하는
대학부설 · 교육청
영재교육원 봉투모의고사 시리즈

· 영재교육원 집중 대비 · 실전 모의고사 3회분
· 면접 가이드 수록
· 초등 3~6학년, 중등

AI와 함께하는
영재교육원 면접 특강

· 영재교육원 면접의 이해와 전략
· 각 분야별 면접 문항
· 영재교육 전문가들의 연습문제

시대교육만의 영재교육원 면접
SOLUTION

1 "영재교육원 AI 면접 온라인 프로그램 무료 체험 쿠폰"

도서를 구매한 분들께 드리는 **특별한 혜택**	Coupon	쿠폰번호
		YHJ – 66134 – 15199
		유효기간: ~2022년 12월 31일

01 도서의 쿠폰번호를 확인합니다.

02 WIN시대로[https://www.winsidaero.com]에 접속합니다.

03 홈페이지 오른쪽 상단 영재교육원  AI 면접 배너를 클릭합니다.

04 회원가입 후 로그인하여 [쿠폰 등록]을 클릭합니다.

05 쿠폰번호를 정확히 입력합니다.

06 쿠폰 등록을 완료한 후, [주문 내역]에서 이용권을 사용하여 면접을 실시합니다.

※ 무료 쿠폰으로 응시한 면접에는 별도의 리포트가 제공되지 않습니다.

2 "영재교육원 AI 면접 온라인 프로그램"

01 WIN시대로[https://www.winsidaero.com]에 접속합니다.

02 홈페이지 오른쪽 상단 영재교육원 AI 면접 배너를 클릭합니다.

03 회원가입 후 로그인하여 [상품 목록]을 클릭합니다.

04 학습자에게 꼭 맞는 다양한 상품을 확인할 수 있습니다.

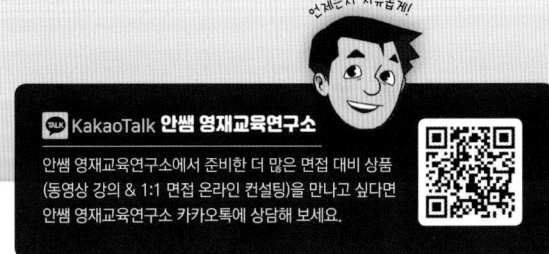

KakaoTalk 안쌤 영재교육연구소

안쌤 영재교육연구소에서 준비한 더 많은 면접 대비 상품
(동영상 강의 & 1:1 면접 온라인 컨설팅)을 만나고 싶다면
안쌤 영재교육연구소 카카오톡에 상담해 보세요.

www.winsidaero.com